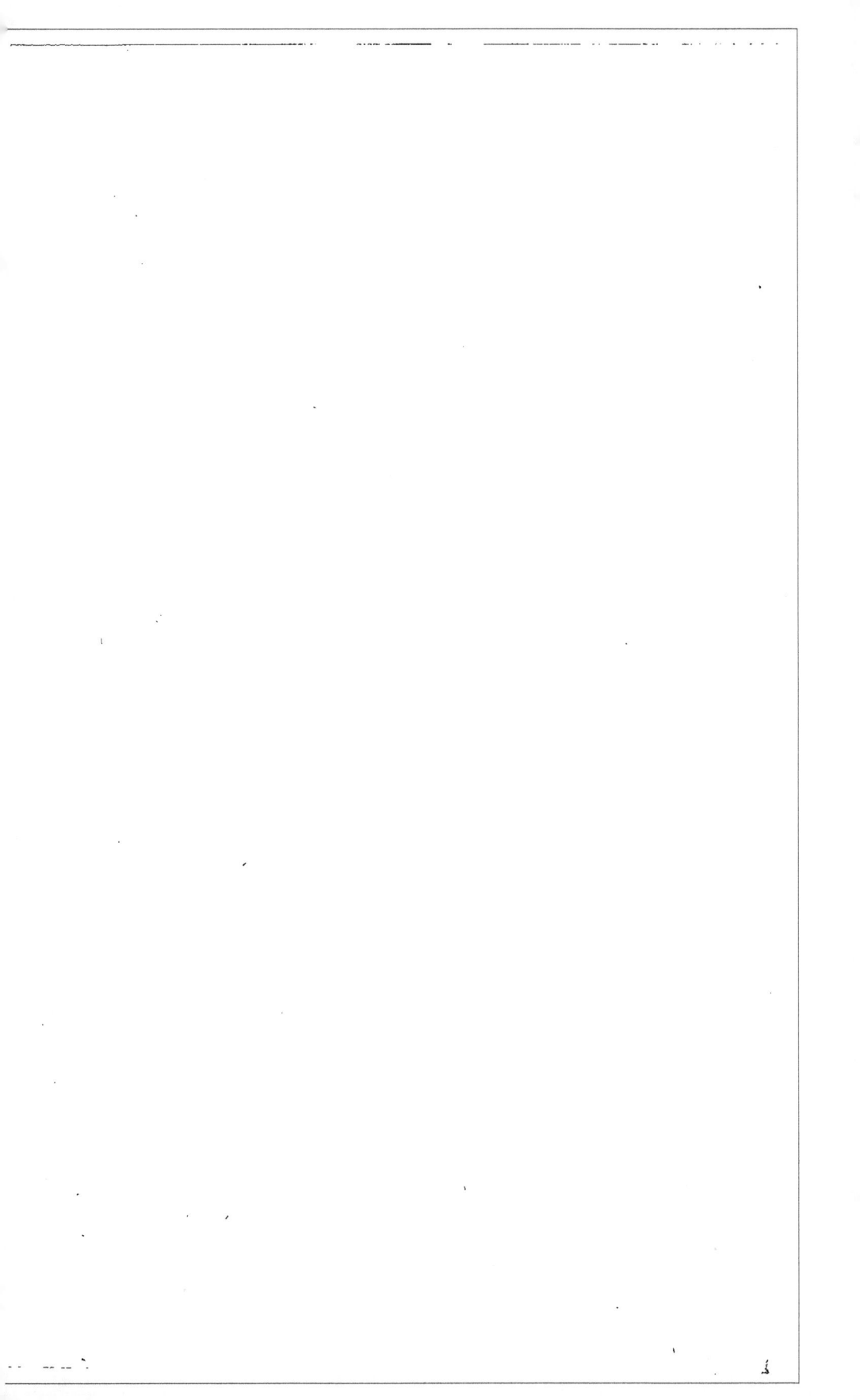

2'641

MANUEL

D'ÉQUITATION.

IMPRIMERIE DE COSSE ET J. DUMAINE, RUE CHRISTINE, 2.

MANUEL
D'ÉQUITATION

OU

ESSAI D'UNE PROGRESSION

POUR SERVIR

AU DRESSAGE PROMPT ET COMPLET DES CHEVAUX DE SELLE,

ET PARTICULIÈREMENT DES CHEVAUX D'ARMES,

PRÉCÉDÉ D'UNE

ANALYSE RAISONNÉE DU BAUCHÉRISME.

Orné de 12 planches par V. Adam,

PAR

A. GERHARDT,

CAPITAINE-INSTRUCTEUR DES LANCIERS DE LA GARDE IMPÉRIALE,

« Il faut arracher aux mains de l'habitude et
de la routine un art vraiment mathématique. »
DUPATY DE CLAM

PARIS,

LIBRAIRIE MILITAIRE,

J. DUMAINE, LIBRAIRE-ÉDITEUR DE L'EMPEREUR,

Rue et Passage Dauphine, 30.

—

1859

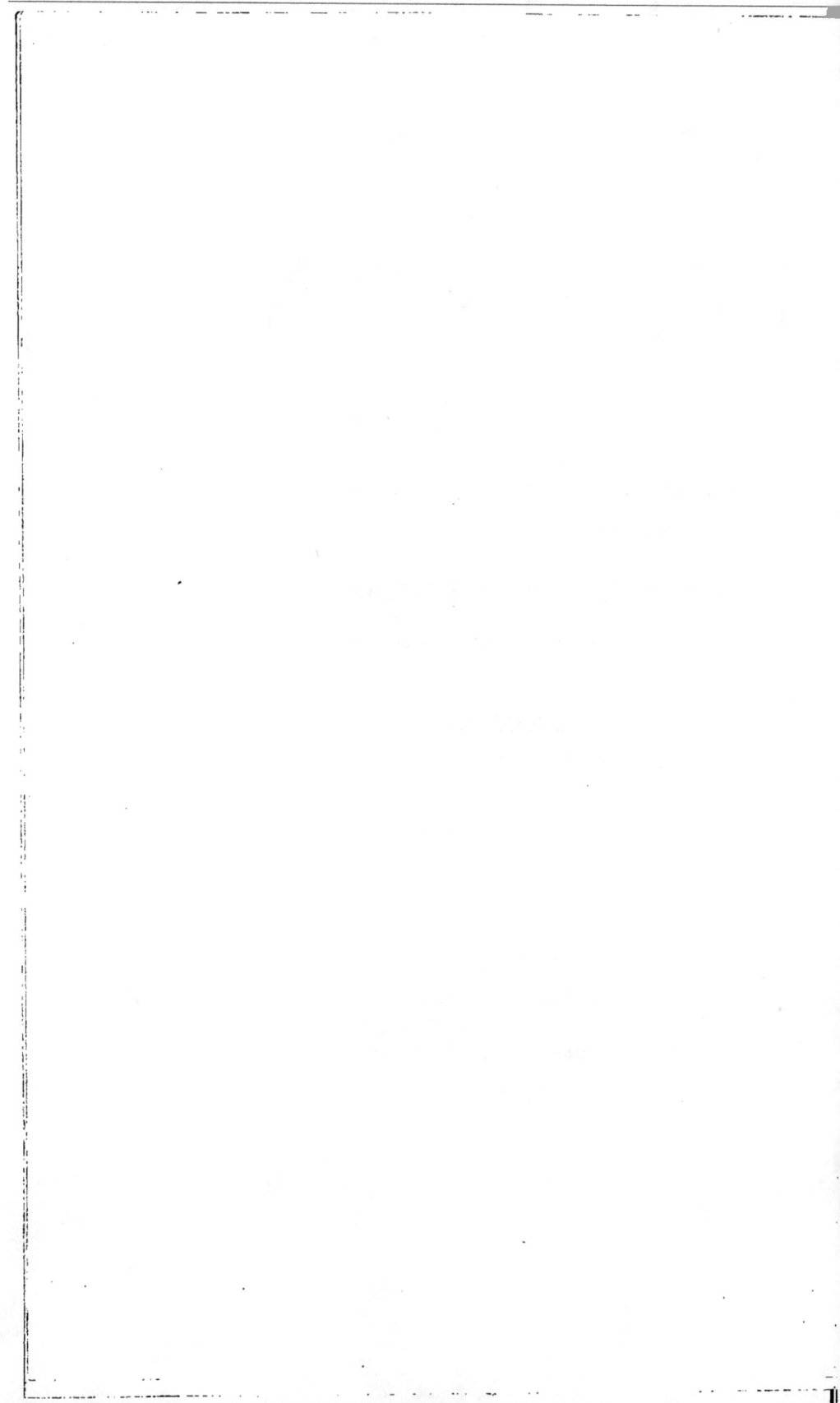

A M. BAUCHER.

Mon cher Maître,

Je vous dédie ce livre, à vous qui l'auriez si bien fait; l'indulgence avec laquelle vous avez bien voulu l'accueillir, les conseils bienveillants dont vous avez entouré ma jeune expérience, me font un devoir de vous en faire hommage.

Laissez-moi donc inscrire votre nom aimé et respecté sur cette première page; il me semble qu'il portera bonheur à cet opuscule, dont le seul mérite est d'avoir été inspiré par vos excellentes leçons; heureux si j'ai pu, par mes faibles moyens, résumer la pensée du maître et ramener quelques incrédules sur le terrain de la vérité.

Votre très-affectionné.

A. GERHARDT.

Paris, 1er mars 1859.

Mon cher capitaine,

J'accepte avec plaisir la dédicace de votre ouvrage. La partie *analytique*, que vous avez bien voulu me communiquer, est tout à fait d'accord avec les principes de ma méthode. Quoique je n'aie pu lire votre livre en entier, je ne doute pas que tout ne soit conforme aux idées équestres que vous avez puisées à mon école, et dont l'application vous a si bien réussi.

Je vous félicite de travailler à la propagation de la saine équitation, mais je ne vous garantis pas que les préjugés et la routine ne vous susciteront parfois de véritables embarras. Marchez néanmoins hardiment dans votre voie, qui est la bonne, et tôt ou tard vous triompherez des grands obstacles et des petites passions.

Votre tout dévoué,

F. BAUCHER.

Paris, 6 mars 1859.

AVERTISSEMENT.

Cet essai, que nous soumettons à l'appréciation des cavaliers sérieux, n'a point pour objet de convertir aux nouveaux principes; il n'a surtout pas la prétention d'être un traité d'équitation. Ceux qui connaissent déjà la méthode qui en fait la base, n'y trouveront rien d'absolument nouveau quant au fond; cependant, c'est à eux que nous le destinons.

Un grand nombre de cavaliers, civils ou militaires, d'instructeurs même, pratiquent, avec plus ou moins de succès, les principes de la *nouvelle école;* mais chacun les interprète à sa manière, et s'ils sont arrivés à des résultats satisfaisants, ils ne les ont obtenus le plus souvent qu'après des tâtonnements sans nombre qui, maintes fois, ont fait chanceler leur foi, en pro-

1

voquant chez le cheval des défenses toujours attri-
buées à la méthode, pourtant bien innocente de ces
mécomptes.

C'est que beaucoup de cavaliers, malgré de nombreux avertissements, persistent à vouloir pratiquer
la méthode sans maître, ne se servant que du livre
qui, dans ce cas, devient tout à fait insuffisant.

Ce qui leur manque, à ces cavaliers, *c'est une* PRO-
GRESSION *résumant scrupuleusement la pensée de l'éminent
professeur* ; une sorte de manuel, un guide pratique à
la portée de tous, et surtout exempt des opinions
personnelles (fort respectables du reste) de tous ceux
qui, à tort ou à raison, prétendent perfectionner la
méthode.

Une pareille Progression aurait pour avantage de
simplifier considérablement le travail de tous les partisans de cette méthode, en les dirigeant dans l'application si facile des nouveaux principes.

Elle aurait l'avantage, bien plus grand encore, de
conserver à l'Etat et aux particuliers, bon nombre de
chevaux ruinés prématurément ou rendus rétifs, par
suite de l'application inintelligente de ces mêmes
principes.

Enfin, en simplifiant et facilitant le travail aux cavaliers peu versés dans l'emploi des nouveaux moyens
de dressage, et évitant surtout des pertes considéra-
bles au Trésor, et à la bourse de beaucoup d'amateurs

de chevaux, elle rendrait à la méthode elle-même un service des plus signalés.

Après avoir consciencieusement étudié cette question, guidé par *le maître* lui-même, nous avons tenté de combler la lacune que nous venons de signaler.

D'autres que nous décideront si nous avons ou non atteint le but que nous nous sommes proposé.

Compiègne, 1er février 1859.

A. GERHARDT.

1.

PRÉFACE.

Nous étant spécialement occupé, depuis bien des années, de l'éducation du cheval de selle, et surtout du cheval de guerre, nous avons pu nous convaincre, pour ce qui touche ce dernier, que les principes contenus dans l'ordonnance du 6 décembre 1829 étaient tout à fait insuffisants.

Nous avons donc, dès le début, songé à la solution du problème suivant : *arriver, dans un minimum de temps, à rendre un cheval soumis à toutes les volontés de son cavalier, sans fatiguer ce cheval, et sans lui retirer aucune de ses qualités.*

Les principes de la *nouvelle école* devaient nous conduire sûrement à cette solution ; mais il s'agissait de

les mettre à la portée des intelligences chargées de les
appliquer, ce qui constituait une difficulté des plus
grandes.

Il fallait supprimer de la méthode tout ce qui n'é-
tait pas indispensable, et surtout ce qui ne pouvait
être compris et pratiqué par les cavaliers les moins
intelligents. En un mot, il fallait simplifier sans dé-
naturer.

Nous nous mîmes à l'œuvre sans plus tarder, et
grâce à un travail persévérant de plusieurs années,
les résultats obtenus surpassèrent toutes nos espé-
rances, et furent les mêmes sur des centaines de chevaux de natures et de provenances diverses. Ce sont
ces succès constants qui nous décidèrent à rédiger la
Progression que nous nous permettons d'offrir aujourd'hui à l'appréciation des hommes compétents en
matière d'éducation du cheval.

Le mode de dressage que nous employons, éminemment gymnastique et basé sur *l'équilibre*, a,
avant toute chose, l'avantage inappréciable de conserver le cheval dans ses aplombs, et de favoriser son
développement. Il permet ensuite de le façonner très-
promptement aux exigences de la guerre, autre con-
sidération du plus haut intérêt. Enfin, il est applicable à tout cheval de selle, à quelque service d'ailleurs qu'on le destine.

Plusieurs de ces avantages, il est vrai, lui sont

chaudement contestés par quelques hommes de cheval du premier mérite, et l'on nous trouvera sans doute bien hardi d'oser élever la parole pour prendre la défense de doctrines condamnées par de telles autorités. Aussi, ne nous a-t-il fallu rien moins qu'une conviction profonde, fondée sur des résultats constamment favorables, et la conscience de n'être mû par aucun sentiment de partialité, pour nous décider à entreprendre une tâche dont nous ne nous dissimulons nullement toutes les difficultés.

Contribuer, suivant nos faibles moyens, à tirer l'équitation en général, et l'équitation militaire en particulier, de l'ornière de la routine où elle se traîne depuis tant d'années, est le but vers lequel tendent constamment tous nos efforts. L'atteindrons-nous ? Nous n'aurons au moins rien négligé pour y parvenir, et ce sera encore là un sujet de grande satisfaction pour nous.

L'usure prématurée de la grande majorité des chevaux de selle, et particulièrement des chevaux de troupe, est due, sans contredit, à l'usage *inintelligent* du mors de bride, et du désaccord perpétuel qui règne dans les aides du cavalier. En un mot, c'est le défaut d'*équilibre* qui tue nos chevaux. Faire de l'équilibre la base du dressage de tout cheval de selle, serait donc un véritable bienfait dont on doterait le budget de beaucoup de particuliers et surtout celui de la cavalerie, et la nouvelle méthode, comme nous tenons à l'établir plus loin, nous offre tous les moyens désirables pour atteindre ce résultat.

Nous voulons parler, bien entendu, de la méthode *telle qu'elle est enseignée et pratiquée en 1859*, c'est-à-dire, de la méthode dépouillée de tout ce qui peut la rendre *périlleuse* et d'une application difficile.

Beaucoup d'écuyers et de cavaliers civils ont adopté depuis longtemps les principes de l'école de M. Baucher et s'en trouvent on ne peut mieux.

Dans l'armée, ces principes sont également appliqués avec succès par beaucoup de cavaliers; mais comme ils n'y sont pas officiellement enseignés, d'autres (et c'est le plus grand nombre) pratiquent ces principes à leur façon, et les condamnent de très-bonne foi, s'ils n'arrivent à de bons résultats ; ce qui contribue à propager l'erreur qui consiste à croire la méthode Baucher inapplicable.

Mais de ce que la latitude laissée aux cavaliers militaires dans l'emploi des moyens qu'ils jugent convenables pour dresser leurs chevaux, produit des résultats les plus fâcheux au point de vue de l'admissibilité de la méthode, faut-il en conclure qu'il faille la rejeter? *Puisqu'il est impossible d'empêcher les cavaliers isolés de la pratiquer*, en partie ou en totalité, et de la fausser souvent par ignorance; ne vaudrait-il pas beaucoup mieux, fournir à ces cavaliers les moyens d'en appliquer les principes avec justesse?

Nous n'avons pas à examiner ici à quelles influences occultes la méthode a dû d'avoir été rejetée *quand même*, lorsque tout semblait lui présager dans l'armée le plus brillant avenir.

Nous allons rappeler seulement en peu de mots, comment ses plus chauds partisans, ses adeptes les plus fanatiques, l'ont desservie à leur insu et mise en défaveur, contribuant ainsi à empêcher la cavalerie de profiter d'une innovation qui était appelée à lui rendre de si éminents services.

Lorsque, en **1842**, M. Baucher offrit pour la première fois sa méthode à l'armée, il y rencontra tout d'abord d'innombrables opposants. Les expériences si concluantes faites à Paris, à Lunéville, à Saumur, ne tardèrent pas à convaincre la majeure partie de ces adversaires, et, pendant quelque temps, on pouvait croire ressuscité ce goût pour l'équitation qui jadis caractérisait si bien les officiers de la cavalerie française. Malheureusement pour la méthode, et surtout pour cette cavalerie, au lieu de donner à M. Baucher le temps de former des *professeurs* susceptibles de rapporter dans leurs régiments les principes nouveaux, on lui laissa à peine le moyen de faire quelques élèves. Aussi, qu'est-il arrivé? Les résultats admirables obtenus par le maître séduisirent à tel

point les nouveaux adeptes que, oubliant de pru-
dentes et incessantes recommandations, ils tentèrent
d'obtenir, en moins de temps que le maître lui-
même, ces hautes difficultés de l'art, qui sont *la
poésie* de l'équitation, poésie absolument superflue
pour le cavalier militaire, et qui demande tout
d'abord un tact exquis et un savoir-faire qu'une
longue et *intelligente* pratique peuvent seuls donner.

De là des déceptions et des mécomptes sans nombre
qui, attribués à tort à l'insuffisance de la méthode,
contribuèrent bientôt à en faire défendre l'application dans l'armée. Mais, malgré la loi de proscription
dont elle fut frappée, malgré les ridicules préjugés
qui s'étaient élevés contre elle, cette méthode à traversé victorieusement toutes ces vicissitudes, et nous
ne croyons pas trop nous avancer, en affirmant qu'il
n'est pas un écuyer, pas un cavalier sérieux, tant en
France qu'à l'étranger, qui ne lui soit redevable d'une
partie, si non de la totalité de son savoir.

Toutefois, nous devons le dire, il existe toujours,
dans l'armée surtout, de grandes préventions contre
elle; mais ces préventions, ainsi que l'a dit fort judicieusement un de nos plus remarquables écuyers, ne
sont que le résultat d'un *malentendu*, et ne peuvent
être difficiles à détruire.

En effet, que disent les adversaires de *bonne foi ?*
Les uns prétendent que la méthode ne vaut rien, *parce*

qu'ils l'ont entendu dire ou parce qu'ils ont échoué en
voulant l'appliquer *sans maître;* d'autres, que la méthode est insuffisante, parce que un cheval dressé
suivant ses principes réclame des moyens de conduite
incompatibles avec les exigences du service militaire;
d'autres enfin la trouvent admirable dans tous ses
détails, mais d'une application trop difficile pour les
cavaliers ordinaires.

A tous ces opposants de *bonne foi* nous dirons,
qu'ils sont dans l'erreur la plus profonde, qu'ils ne
comprennent pas la méthode, l'eussent-ils vu appliquer ou appliquée eux-mêmes pendant de longues
années.

La démonstration que nous allons tenter de faire
des principes dont nous préconisons l'application
pour l'éducation des chevaux de selle en général, et
que, dans l'intérêt de l'avenir de la cavalerie, nous
voudrions voir adopter pour le dressage des jeunes
chevaux d'armes, établira, nous n'en pouvons
douter, la justesse de notre assertion, et contribuera
peut-être à détruire une partie de ces injustes préjugés.

Ces principes, dont l'expérience nous a démontré
l'*infaillibilité,* forment la base de la méthode de
M. Baucher; nous n'en avons que réglé l'application,
dans notre Progression, en raison de nos besoins.
Nous n'avons donc *de nouveau* à présenter à nos lec-

teurs, que ce que *le maître* a bien voulu nous ensei-
gner. Toutefois, si l'on veut nous accorder un faible
mérite, ce sera, de n'avoir ménagé ni notre temps ni
nos peines pour parvenir à dépouiller la méthode de
tout ce qui, jusqu'à ce jour, a pu servir de prétexte
à ses adversaires pour la faire rejeter de l'armée, et
à l'accorder avec les exigences du service et les res-
sources qu'offrent en général les cavaliers militaires ;
bref, pour la mettre à la portée de tous.

La méthode Baucher, disons-le hautement, ne
peut être pratiquée *dans son ensemble*, sans professeur,
que par des cavaliers doués tout exceptionnellement.
Mais il y a une série de principes qui sont à la portée
de tout le monde, et qui, bien coordonnés, bien compris, suffisent largement pour le dressage complet
du cheval d'armes, et même du cheval d'amateur,
toutes les fois que ce dressage est entrepris ou *dirigé*
par un cavalier intelligent.

Il suffira en effet de mettre entre les mains de
celui-ci, un guide qui, après lui avoir fait bien comprendre *le but* que se propose la méthode et *les moyens
d'y atteindre*, lui fera distinguer au premier coup
d'œil, ce qui est *indispensable* de ce qui est seulement *utile*, et surtout de ce qui, inhabilement pratiqué, devient *dangereux*.

Ce guide (*ainsi que nous le comprenons*) n'existait pas,
et nous avons essayé de remplir la lacune au moyen

de notre Progression, fruit de la pratique et de l'observation.

Cet essai se compose d'une partie *analytique* (Introduction), et d'une autre toute d'*application* (Progression du travail).

Dans la première, où nous donnons *sous une forme nouvelle* l'exposé des principes fondamentaux de la méthode de dressage, nous n'avons rien négligé de ce qui est susceptible de jeter quelque lumière sur les points qui paraissent obscurs ou douteux.

Nous avons cherché à être court autant que notre sujet le comporte, et à cet effet nous avons évité la discussion le plus possible.

A aucune autre époque la science équestre n'a été exposée avec autant de talent que par nos écuyers modernes. Malheureusement, leurs ouvrages sont moins faits dans le but de *vulgariser* cette science, que d'en étendre les limites, les auteurs ayant cherché surtout à approfondir les connaissances qu'ils traitent, et leurs écrits, par l'abondance et la nature des matières, s'adressant plutôt aux maîtres qu'aux élèves.

En offrant à ces derniers notre Progression, comme un guide susceptible de les diriger dans l'application des principes nouveaux, nous ne prétendons point que désormais les traités spéciaux leur seront devenus superflus. Nous leur conseillons au contraire, *lors-*

qu'ils auront une idée bien nette de l'enchaînement de ces principes (mais alors seulement), s'ils veulent avoir des notions plus étendues, de consulter avec soin ces ouvrages où ils trouveront la science équestre dans tous ses détails.

Dans la partie purement d'*application*, nous avons cru devoir développer nos matières sous la forme d'un *guide d'instructeur*, pensant rendre service à ceux de nos collègues qui voudraient en faire usage pour le dressage des chevaux de troupe, et à cet effet nous avons établi une différence marquée dans les *caractères du texte* : le cavalier isolé y trouvera, aussi bien que l'instructeur (nous l'espérons du moins), de quoi satisfaire ses justes exigences.

INTRODUCTION.

ANALYSE RAISONNÉE DU BAUCHÉRISME.

I. QUELQUES PRINCIPES GÉNÉRAUX.

§ 1er. — Du mouvement et de l'équilibre.

Avant d'entreprendre l'exposé de la méthode de dressage, base de notre Progression, il n'est pas hors de propos de nous entendre sur la valeur de certaines expressions dont nous nous servirons quelquefois dans le courant de notre démonstration.

Nous ne pensons pas devoir donner la définition des mots : *force, poids, centre de gravité, puissance, résistance*, etc.; nous éviterons surtout de tomber dans le travers, si commun à beaucoup de gens de manége, travers qui consiste à fatiguer l'attention du lecteur par l'exposé de théories abstraites, ne tendant à rien moins qu'à faire supposer que, pour raisonner équitation, il faille avoir, au préalable, fait des études toutes spéciales d'anatomie, de physiologie, de mécanique, etc.

Nous ne dirons que deux mots des lois qui régissent les oscillations du centre de gravité, c'est-à-dire du *mouvement*, et nous ajouterons ce que nous entendons par le mot *équilibre*.

Dans tous les êtres animés, le centre de gravité varie avec les *attitudes* que prend l'animal; à l'état de repos, d'immobilité même, il est constamment déplacé par suite des mouvements propres aux viscères thoraciques et abdominaux; mais il n'y a production de mouvement, *locomotion*, que lorsque, sous l'influence de la puissance musculaire secondée par une certaine répartition du *poids* de la masse, la ligne de gravitation (verticale abaissée du centre de gravité) sort de la base de sustentation [1]. Alors le cheval, pour s'étayer, distribue le poids dont était chargé l'un de ses membres, sur son *congénère* (de

---

[1] Dans la *station* forcée, la base de sustentation est circonscrite par les quatre membres; elle peut l'être par trois seulement dans la *station* libre.

Dans le *cabrer* et la *ruade*, cette base est réduite à une ligne qui joint les deux pieds qui portent la masse.

gauche à droite ou de droite à gauche) et porte ce membre en avant ou en arrière, suivant la direction imprimée au centre de gravité [1]. Dans ce cas, le poids est l'auxiliaire de la force musculaire et, comme elle, agent actif de la locomotion [2].

Si donc, au moyen de nos aides, nous sommes parvenus à provoquer, à modifier ou à arrêter suivant notre fantaisie, les oscillations de ce centre de gravité, nous aurons obtenu un animal soumis entièrement à notre volonté, c'est-à-dire un cheval *dressé*.

Maintenant, deux mots de l'*équilibre*. Le mot *équi-*

A l'allure du *pas*, le corps du cheval est alternativement supporté par un bipède latéral et un bipède diagonal.

Au *trot* et dans le *reculer*, ce sont les bipèdes diagonaux qui supportent alternativement la masse.

Enfin, au *galop*, la base de sustentation est successivement figurée par le contour d'un pied postérieur, le bipède diagonal du même côté, et le contour du pied antérieur diagonalement opposé au premier.

[1] Il est bien entendu qu'il sera toujours question du centre de gravité *commun* au cavalier et au cheval.

[2] L'action de porter un membre en avant ou en arrière n'est qu'une modification apportée par le cheval à son *attitude*. Au moment du lever de ce membre, la base se trouve réduite à un triangle. Le cheval n'aura fait *un pas complet* (unité de mouvement dans l'allure du pas), que lorsque les trois autres membres auront, à leur tour, exécuté leur foulée, et pour cela il faudra absolument que la ligne de gravitation sorte de cette première base triangulaire.

Ce principe trouve son application dans les autres allures et dans le reculer.

libre figure fréquemment dans tous les traités d'équitation, mais diversement interprété par les auteurs; de plus, nous ne trouvons nulle part une définition qui nous ait entièrement satisfait.

Sans examiner celles qui sont le plus généralement admises (car nous nous sommes promis d'éviter la discussion autant que possible), nous allons définir l'équilibre ainsi que nous le comprenons personnellement.

Nous engageons le lecteur à lire attentivement les définitions un peu abstraites qui vont suivre, car elles lui donneront, dès à présent, la clef de tout le méca-nisme de la méthode dont elles sont la base.

Nous pensons que l'équilibre *hippique* est entièrement fondé sur cet axiome élémentaire de statique qui dit : *toutes les fois que deux forces égales se trouvent directement opposées, elles se font équilibre, c'est-à-dire se détruisent mutuellement.*

Comme il y a deux puissances bien distinctes dans la machine animale, la *force musculaire* et le *poids*, ces deux puissances doivent nécessairement concourir, suivant des lois invariables, à la production de l'équilibre hippique. Cet équilibre sera donc le *résultat de l'équilibre des forces musculaires allié à une certaine répartition du poids de la masse.*

Le cavalier se rend maître des forces musculaires du cheval, en leur opposant les siennes par le moyen des aides; mais, comme il ne lui est pas possible d'opposer des forces *égales* à celles de l'animal, celui-ci étant beaucoup plus puissant que lui, il se sert de l'intermédiaire du mors et des éperons, qui, en raison de la douleur locale qu'ils sont susceptibles de produire (douleur toujours proportionnée aux résistances), lui tiennent lieu de forces *équivalentes*. C'est au moyen de ces dernières qu'il produira l'*équilibre des forces musculaires* (forces du cavalier opposées à celles du cheval).

Quant à la *répartition du poids,* le cavalier profite de la souplesse donnée à toutes les parties, pour la régler de telle sorte qu'elle soit toujours l'*auxiliaire de ses exigences :* après avoir d'abord *régulièrement* réparti le poids sur les quatre membres (en ayant égard à la *surcharge naturelle* des épaules) [1], on fait en sorte de le partager peu à peu *également* [2]; ce n'est qu'alors qu'il y a *équilibre du poids.*

On voit donc que, pour que l'équilibre *hippique*

[1] On sait que les membres antérieurs du cheval *sont naturellement plus chargés* que les membres postérieurs; il est donc évident que le *centre de gravité* doit se trouver plus rapproché des premiers que des derniers.

[2] Dans la station du *rassembler* de M. Baucher, le poids étant *également* réparti sur les quatre supports, le centre de gravité se trouve *exceptionnellement* sur l'intersection des deux plans verticaux passant par les bipèdes diagonaux. C'est donc à tort que Borelli le place sur cette ligne dans le cheval non rassemblé.

2.

soit parfait, ou plutôt *pour qu'il existe*, il faut non-
seulement que les deux centres de forces (centre de
forces musculaires et centre de gravité) se confondent
en un seul, mais de plus que ce *centre commun* soit
porté plus ou moins en arrière, à la place qu'il occu-
perait si la nature avait *également* réparti le poids du
cheval sur les quatre supports.

Encore, l'équilibre ainsi obtenu sera-t-il toujours
un équilibre *stable*, auquel le talent de l'écuyer devra
donner le plus d'instabilité possible (balance hippique).

L'équilibre *instable*, mathématiquement parlant,
n'existe donc point en équitation.

On nous permettra néanmoins d'établir *deux équi-
libres hippiques :* un équilibre *relatif* et un autre *absolu*.

Le premier se définira ainsi qu'il suit : *répartition*
RÉGULIÈRE [1] *du poids de la masse sur les membres qui
posent à terre (de pied ferme ou en marche) et absence de
toute contraction musculaire qui n'est pas indispensable à
l'attitude de l'animal ou au mouvement sollicité par les
aides.*

L'autre : *répartition* ÉGALE *du poids de la masse*, etc.

[1] Le cheval *en liberté*, s'il est parfaitement conformé et exempt de
toute cause de gêne ou de souffrance, a son poids *régulièrement* réparti
sur les quatre membres.

C'est cette régularité qu'il faut avoir obtenue chez le cheval *monté*,
quelle que soit sa conformation, avant de songer à produire l'équilibre
absolu.

Le premier sera celui qui nous suffira pour les besoins ordinaires de l'équitation ; l'autre, rendu aussi instable que possible, sera indispensable pour l'équitation supérieure.

En conséquence, si, à l'effet de chaque contraction musculaire, nous parvenons à opposer instantanément une force *équivalente* au moyen de nos aides (ce qui nous permettra de régler cet effet suivant notre volonté) ; que, d'un autre côté, nous utilisions cette faculté de diriger les forces musculaires, pour régler la répartition du poids, de manière que cette répartition devienne l'auxiliaire de nos exigences, nous aurons équilibré notre cheval en raison de nos besoins ; c'est-à-dire nous aurons substitué notre volonté à celle de l'animal, en nous emparant de ses forces *instinctives*, pour en disposer suivant notre fantaisie.

Pour atteindre ce résultat, nous commencerons, au moyen d'*assouplissements progressifs*, à habituer les diverses parties de l'animal à céder à la moindre action *isolée* de nos aides, afin de pouvoir produire facilement les translations de forces nécessaires à la production de l'équilibre [1] ; puis l'action *combinée* de

_____

(1) Toutes les fois que le centre de gravité quitte sa position RELATIVE, il y a *flux ou reflux de poids*, n'y eut-il qu'une seule molécule de déplacée : ainsi, lorsque le cheval veut lever un de ses membres, il est obligé de porter d'abord sur son congénère la portion de poids dont le premier est chargé ; il en use de même à l'égard de l'autre, lorsque

ces mêmes aides nous donnera les moyens de modifier la direction de ces forces, et de nous en emparer,
en les opposant judicieusement les unes aux autres.

§ 2. — De l'action et de la position.

L'*action* et la *position* jouent un rôle des plus im-
tants dans le dressage du cheval, et, à ce titre, mé-
ritent une attention toute particulière.

On entend par action *communiquée* au cheval, *l'é-
branlement de la masse résultant de l'effet stimulant des
aides du cavalier*, et, par action *propre* au cheval, ce
même ébranlement *lorsqu'il résulte des forces instinctives de l'animal.* Dans le premier cas le cavalier *ac-
tionne* son cheval : dans le second, c'est le cheval *qui
a de l'action.*

Quant à *la position*, c'est la répartition des forces [1] la plus favorable au mouvement ou à l'allure
que le cavalier se propose de provoquer.

---

celui-ci à son tour doit quitter le sol. Il se produit des translations analogues d'avant en arrière et d'arrière en avant. Il y a donc là bien
effectivement *flux et reflux de poids ;* mais ce déplacement, qui, dans un
cheval *bauchérisé*, ne peut s'effectuer que suivant certaines lois, est tout
au profit de l'*équilibre*. Cette fluctuation ne ressemble donc en rien à la
surcharge alternative de l'avant et de l'arrière-main, recommandée par
l'ancienne école, et avec laquelle il est de la dernière importance de ne
pas la confondre.

[1] Force musculaire et poids.

Chaque mouvement réclame donc une *position particulière*. Il en est de même de chaque allure ; c'est-à-dire que le mouvement et l'allure seront toujours *la conséquence naturelle de la position préliminaire* donnée par le cavalier. Il s'ensuit que ce sera toujours par la *position* qu'on parlera à l'intelligence de l'animal.

Ainsi, lorsque le cavalier voudra exécuter un mouvement ou entamer une allure, s'il veut être compris, il devra donner d'abord à son cheval *la position qui commande* le mouvement ou l'allure. Il évitera de plus, avec le plus grand soin, *que les forces employées à donner cette position, ne diminuent en quoi que ce soit celles qu'il faut au cheval pour entretenir son allure ou pour prendre celle qui lui est demandée.* Ce sera en *actionnant* celui-ci, suivant son plus ou moins d'impressionnabilité, que le cavalier réparera la perte d'action naturelle résultant de l'*absorption d'une certaine quantité de force au profit de la position donnée.* Exemple emprunté à l'ouvrage de M. Baucher : en supposant qu'il faille au cheval, pour entretenir son allure, une force équivalente à 50 kilogrammes, c'est-à-dire que l'action *propre* au cheval fût représentée par ce chiffre ; en admettant, d'un autre côté, que le cavalier se servît d'une partie de cette force, représentée par 5 kilogrammes par exemple, *pour donner la position*, l'emploi de ces 5 kilogrammes ne devra pas réduire à 45 kilogrammes les forces laissées à la disposition du cheval pour en-

tretenir son allure (ce qui l'obligerait à s'arrêter ou
à ralentir), et à cet effet le cavalier *actionnera* le cheval
de manière à compenser cette diminution de 5 kilogrammes [1].

Cet exemple démontre suffisamment que *l'action* et
la *position* se trouvent toujours intimement liées entre
elles, et constituent deux forces dont dispose le cavalier pour maintenir sa monture en *équilibre*, condition indispensable pour toute exécution précise et
immédiate.

---

[1] On peut considérer la machine animale comme un *réservoir de
forces*, d'où le cheval tire instinctivement celles qu'il lui faut pour prendre ou pour entretenir telle ou telle allure. Soit *a* la quantité nécessaire
à la production de l'allure du pas.

Supposons maintenant que le cavalier veuille faire prendre le galop à
sa monture : cette dernière, pour répondre à la sollicitation des aides,
devra nécessairement puiser de nouveau dans le réservoir, et en tirer
une quantité *b*, qui, ajoutée à la première, donnera $a + b$, somme des
forces indispensables pour pouvoir s'enlever au galop.

Mais pour *disposer* le cheval à prendre cette allure, le cavalier est
obligé de lui donner une *position* préliminaire, et il ne peut le faire sans
absorber une partie *n* des forces *a* ; celles-ci se trouveront donc réduites
à une quantité $a - n$, qui, ajoutée à *b*, sera trop faible pour permettre
à l'animal de s'enlever au galop.

Pour obvier à cet inconvénient, le cavalier, pendant qu'il se servira de
l'une de ses jambes pour contribuer à donner la *position* au cheval, emploiera l'autre à le stimuler (*action communiquée*), afin de le déterminer
à tirer de son réservoir une nouvelle partie $n' = n$, et alors la quantité
représentée par $a - b + n + n'$, sera absolument égale à celle que nous
avons figurée par $a + b$; c'est-à-dire que le cheval disposera d'une somme
suffisante de forces pour pouvoir répondre instantanément à la sollicitation des aides, si quelque autre cause physique ne s'y oppose pas.

§ 3. — Des aides du cavalier.

On appelle *aides*, les agents dont se sert le cavalier pour faire comprendre au cheval ce qu'il exige de lui.

« Les aides, dit M. Baucher dans son *Dictionnaire raisonné d'équitation*, sont : l'*assiette bien entendue, les poignets et les jambes*.

« Il n'y a pas d'exécution précise possible, sans le parfait ensemble de ces forces ; c'est assez dire au cavalier qu'il doit en posséder justement le mécanisme avant de chercher à en rendre le mouvement expressif pour le cheval, sous peine de lui parler faux et de ne pas être compris. »

Dans tous les mouvements et à toutes les allures, le corps du cavalier doit conserver ses rapports d'équilibre et d'aplomb avec le corps de sa monture, de telle sorte que les bras et les jambes restent constamment libres d'agir suivant le rôle qui leur est assigné dans la conduite du cheval ; c'est ce qui constitue l'assiette *bien entendue*.

Ceci nous amène à expliquer l'action des poignets et des jambes, et l'on verra comment ces actions peuvent et doivent rester indépendantes de l'assiette du cavalier.

Les poignets, au moyen des rênes de la bride et du

filet, ont une action *directe* sur la mâchoire et sur l'encolure, et une action *indirecte* sur toutes les autres parties du corps. Dans le premier cas, ils servent à maintenir la tête, à entretenir la souplesse de la mâchoire et de l'encolure, à donner la direction à l'avant-main ; dans l'autre, par des oppositions judicieuses, à régulariser les actions imprimées par les jambes. Celles-ci provoquent le mouvement, dirigent l'arrière-main, et régularisent à leur tour l'effet produit par les poignets.

L'action des rênes de la bride doit toujours être indépendante de celle des rênes du filet, ces dernières ayant des fonctions spéciales : *précédée* et secondée par celle des jambes, elle produit tous les *effets d'ensemble*, les ralentissements d'allure et les temps d'arrêt ; tandis que les rênes du filet servent à combattre les contractions latérales de l'encolure, à produire des oppositions aux forces de l'arrière-main et *à placer* le cheval.

Le mors de bride, ne devant produire qu'une action *locale* sur les barres, action dont l'intensité sera en raison directe des résistances du cheval, la main devra toujours rester *fixe* [1] ; c'est-à-dire qu'elle

---

[1] Le cavalier qui, pour ralentir l'allure, tire sur les rênes de la bride, en rapprochant la main du corps, *accule* son cheval (voir p. 35). Aussi, qu'arrive-t-il avec certains chevaux mal conformés ou souffrant dans leur arrière-main ? Vaincu dans cette lutte inégale entre ses forces

sera plus ou moins soutenue, *sans jamais se rapprocher du corps;* mais ce soutien devra être moelleux,
afin de pouvoir toujours saisir et régulariser facilement l'impulsion donnée par les jambes.

Le cavalier s'exercera donc à entretenir constamment la souplesse des articulations de l'épaule, du
coude et particulièrement du poignet; les doigts resteront toujours fermés, mais sans être *serrés*, ce qui
occasionnerait de la roideur.

Toutefois cette main, si souple et si légère dans le
début du dressage, doit, dans certaines circonstances,
lorsque le cheval a déjà appris à céder à ses effets, être

---

et celles de sa monture, le cavalier inexpérimenté se sent peu à peu
gagner la main et se trouve finalement emporté à toute vitesse. La raison
en est toute simple : chacun sait, que la direction la plus favorable à *la
puissance* est la perpendiculaire au bras de levier; or, en tirant sur les
rênes de la bride, on *ouvre* considérablement l'angle qu'elles font avec
les branches du mors, et qui est déjà au moins de 90°. On *amoindrit*
donc l'action *locale* produite par ce mors.

D'un autre côté, la circulation artérielle se trouve arrêtée dans la mince
couche charnue comprimée entre l'os de la mâchoire et un corps bien
plus dur encore, et la disparition de la sensibilité dans cette partie en est
la suite naturelle, la pression, quoique moins forte, étant *continue.*

Chacune de ces deux raisons expliquerait à elle seule pourquoi, dans
certains cas, il devient extrêmement imprudent de tirer sur la bouche du
cheval.

M. Baucher, en n'admettant pas une différence de sensibilité dans
la bouche des chevaux, attribue les bouches dures à une *mauvaise répartition des forces de l'animal,* et il indique les moyens de modifier
cette répartition, de manière à donner à toutes les bouches une égale
sensibilité.

soutenue avec la dernière énergie. M. Baucher a
donc bien raison de rejeter l'expression de *main légère*, qui ne dit rien, pour la remplacer par celle de
main savante, selon nous bien plus caractéristique.

Dans les commencements du dressage, le cavalier
se servira toujours de la rêne *du filet*, pour engager la
tête et l'encolure dans la direction qu'il se propose
de suivre, et dans ce cas (contrairement à ce qui a
été dit précédemment) [1], il soutiendra la main de la
bride dans la même direction, afin que le cheval,
quoique impressionné sur la *barre du dehors* [2] par le
mors de la bride, n'en prenne pas moins peu à peu
l'habitude de porter la tête et l'encolure du côté opposé, lorsque la rêne du dehors viendra le solliciter
en s'appuyant sur l'encolure. Ce ne sera qu'après
avoir fait ainsi agir simultanément les deux poignets,
diminuant insensiblement la tension de la rêne déterminante du filet, qu'on arrivera à se passer entièrement de cette rêne, pour ne plus se servir que de la
rêne de la bride seule. C'est à ce résultat qu'il importe d'amener le cheval d'armes surtout le plus tôt
possible.

L'obéissance du cheval à la *pulsion* de la rêne de
bride sur l'encolure, ne sera donc que la conséquence
de l'éducation qu'on lui aura donnée; il faudra tou-

[1] Voir p. 26.
[2] La barre *gauche*, en portant la main à *droite*, *et vice versâ*.

jours revenir à la rêne de *traction* (du filet), toutes les fois qu'il montrera de l'hésitation, jusqu'à ce qu'il ait parfaitement compris.

Quant aux jambes, dont les fonctions ne sont pas moins importantes que celles des poignets, elles devront toujours être près du cheval, sans toutefois l'*étreindre*, afin que le cavalier puisse s'en servir avec toute la progression et la délicatesse désirables ; elles ne devront jamais agir l'une sans l'autre, se prêtant toujours un mutuel secours.

Les éperons [1], qui ne servent qu'à donner un surcroît d'action aux jambes, peuvent être considérés comme faisant partie de celles-ci ; le cavalier ne s'en servira donc que lorsque la pression des jambes sera devenue insuffisante, et nous verrons plus loin qu'il n'est pas plus difficile de les faire accepter au cheval, que de faire céder sa mâchoire et son encolure à l'action du mors de la bride [2].

---

[1] Les éperons d'ordonnance de cavalerie sont beaucoup trop longs, et les molettes, trop pénétrantes. Des éperons de quatre centimètres de longueur, munis de molettes peu acérées, les remplaceraient avantageusement.

[2] Nous ne parlons pas de l'ensemble de la position du cavalier à cheval, considérant cette question plutôt du domaine du manége académique, que de celui du dressage du cheval.

AIDES SUPPLÉMENTAIRES.

Les seules aides supplémentaires dont nous recon-
naissions l'utilité sont : la *cravache*, le *caveçon* et la
chambrière.

Lorsque le cheval s'*accule,* refuse de se porter en
avant à la sollicitation des jambes et des éperons,
le cavalier se servira de la *cravache*, en l'appliquant
vigoureusement sur le flanc, ayant bien soin de cesser en même temps toute opposition de la main de la
bride, afin de laisser à l'animal une entière liberté de
se jeter en avant. Nous ne connaissons pas d'autre
circonstance où il faille se servir de la cravache
comme châtiment ; un article spécial indiquera
l'usage de la cravache comme *aide;* nous ne pensons
donc pas devoir nous y arrêter plus longtemps.

Le *caveçon* est parfois d'un grand secours pour l'instructeur qui donne la leçon du montoir ; il peut
servir aussi au cavalier isolé ; mais, dans ce cas, celui-
ci se fait seconder. Toutefois, une main exercée doit
seule manier cet instrument , si l'on ne veut s'exposer à provoquer, chez le cheval, des défenses, souvent
bien autrement dangereuses que celles contre lesquelles on essaie de l'employer.

Il serait trop long de donner ici la théorie du caveçon ; nous tâcherons de donner, à l'article traitant

de la leçon du montoir, une manière de l'utiliser qui nous a toujours pleinement réussi.

La *chambrière* peut servir à l'instructeur pour déterminer un cheval à céder à l'action des jambes du cavalier, lorsqu'il cherche à s'y soustraire par la résistance; mais, dans ce cas, il faut s'approcher du cheval *sans la lui faire voir*, et l'en toucher à l'improviste, en ayant soin de faire le moins de bruit possible.

L'instructeur aura l'attention de dissimuler la chambrière aux yeux du cheval, dès qu'il l'en aura touché, afin de lui laisser ignorer d'où lui est venu le coup. Nous avons eu l'occasion, plus d'une fois, d'apprécier les excellents effets de cette manière d'employer la chambrière; néanmoins, nous pensons qu'il faut en user avec discrétion, pour éviter que le cheval n'apprenne à fuir et à résister.

Quant à la *longe* [1], la *martingale*, les *piliers* et tant d'autres aides supplémentaires préconisées par l'ancienne école, l'expérience nous a démontré leur inutilité; nous nous dispenserons donc d'en parler ici.

---

[1] Dans les commencements du dressage on peut se servir de la longe pour calmer un cheval trop ardent avant de le monter, mais il n'en faut faire usage qu'à la dernière extrémité.

II. EXPOSÉ DE LA MÉTHODE DE DRESSAGE.

La méthode de dressage consiste, a-t-on dit précédemment, en une série d'assouplissemens ayant pour objet de faire céder toutes les parties du cheval, soit directement, soit indirectement, à l'action *isolée* d'abord, puis *combinée* des aides du cavalier.

Ne jamais chercher à combattre deux forces à la fois, et surtout, *ne rien demander sur l'ombre d'une résistance*, sont deux principes fondamentaux, dont il importe de se pénétrer, lorsqu'on entreprend le dressage d'un cheval; à cet effet, il faudra toujours rechercher avec soin la cause d'une résistance et son siége, afin de décomposer les forces, s'il y a lieu, et de les combattre ensuite isolément et successivement autant que possible.

Quelques exemples pris au hasard, contribueront à nous faire comprendre et feront ressortir peut-être toute l'importance de ces principes : le cheval qui cherche à se soustraire à l'action du mors de bride, en serrant les mâchoires et en levant la tête, lorsque nous commençons à le soumettre aux flexions de mâchoire, nous oppose à la fois *deux forces* qu'il nous est impossible de combattre avec succès, sans les isoler l'une de l'autre. Avant de chercher à desserrer les mâchoires, nous ferons en sorte de détruire la force que nous oppose l'encolure qui s'est contractée en s'élevant; ensuite seulement nous nous adresserons aux mâchoires. De cette manière nous ne combattrons la deuxième force qu'après avoir vaincu la première, et nous nous serons mis dans les meilleures conditions pour triompher des résistances de l'animal.

Il en sera de même dans l'exemple suivant : lorsque, en marchant à une allure quelconque, nous voulons *ranger les hanches* du cheval, de gauche à droite, par exemple, s'il résiste à l'action de la jambe gauche en précipitant son mouvement en avant, c'est que, à la résistance de *droite à gauche* est venue s'ajouter une force d'*arrière en avant* provoquée par l'appui de la jambe gauche, qu'il faudra détruire par l'*opposition d'une force équivalente* (au moyen de la rêne gauche du filet), et, l'équilibre des deux forces ainsi opposées s'étant établi, la jambe gauche n'aura plus à combattre que la résistance de droite à gauche.

Quant au principe qui consiste à *ne jamais rien demander sur une résistance*, il trouve son application dans l'exemple suivant : si le cheval peu fait aux aides refuse de s'engager dans une nouvelle direction, en tendant l'encolure et portant la tête du côté

5

opposé; au lieu de ramener cette tête par la force, en entrant en lutte avec l'animal (comme il n'arrive malheureusement que trop souvent), le cavalier devra d'abord *opposer*, au moyen de la rêne de filet du côté où il désire aller, *une force équivalente* à celle que présente l'encolure; puis, l'*équilibre* de ces deux forces ayant eu pour résultat le relâchement des muscles de cette partie, il l'amènera sans peine dans la direction qu'il veut suivre : il suffira en effet de porter la main du filet dans cette direction, et de fermer les jambes derrière les sangles, celle du dehors un peu plus en arrière.

Nous ne croyons pas, pour le moment, devoir entrer dans de plus amples détails, nous réservant dans le courant de l'exposé de la méthode, de signaler les écueils que les cavaliers pourront rencontrer dans le dressage de leurs chevaux, et de leur indiquer en même temps les moyens qui nous semblent rationnels pour les éviter.

Les principaux moyens dont dispose la méthode pour amener le cavalier à se rendre maître de toutes les forces du cheval pour en user ensuite suivant sa volonté, sont :

1° *Le travail préparatoire de la cravache;*
2° *Les flexions de la mâchoire et de l'encolure;*
3° *L'effet d'ensemble et la descente de main;*
4° *Les pirouettes et le travail sur les hanches:*

5° *Le reculer;*

6° *La concentration des forces au moyen des éperons.*

§ 1.—Du travail préparatoire de la cravache [1].

Le travail préparatoire de la cravache a pour but d'obtenir du cheval un commencement de soumission; il donne le moyen de le maintenir en place pendant le travail des flexions, et permet au cavalier de combattre l'*acculement* [2], en obligeant le cheval à se porter en avant, toutes les fois qu'il le juge à propos.

---

[1] Voir la Progression.

[2] « Un cheval est *acculé* toutes les fois que ses forces et son poids se trouvent refoulés sur la partie postérieure; l'équilibre est dès lors compromis, et l'on rend impossibles la grâce, la cadence et la justesse.

L'*acculement* est le principe des défenses, puisqu'il tend à prendre constamment sur l'action propre au mouvement, à reporter le centre de gravité en arrière et au delà du milieu du corps, à rejeter ainsi le poids du corps sur l'arrière-main; le cheval n'est plus soumis momentanément à l'action des jambes : les forces se trouvent en arrière des jambes du cavalier; les pieds se fixent au sol; dans ce cas, le cheval est tout disposé à se livrer aux cabrades ou à toutes autres défenses. Il faut, pour éviter l'*acculement*, que dans tous les mouvements, les jambes du cavalier précèdent la main, et que ce soutien des jambes se continue jusqu'à ce qu'il ait obtenu la légèreté; c'est lorsqu'elle sera parfaite que l'on reconnaîtra que le cheval n'est ni *acculé*, ni sur les épaules; c'est alors qu'il sera *entre la main et les jambes*, soumis à la volonté du cavalier. Amené à cet état d'équilibre, même au pas, le cheval est aux trois quarts dressé. »

(Dictionnaire raisonné d'équitation.)

3.

On se sert aussi de la cravache pour commencer le *ramener* et surtout pour mobiliser l'arrière-main. Dans ce cas elle remplace les jambes du cavalier et produit des effets à peu près analogues.

Lorsque le cheval est *suffisamment assoupli*, le cavalier adroit et intelligent peut encore se servir de la cravache pour commencer le travail du *rassembler*, et hâter ainsi les progrès de l'animal, qui sont parfois très-lents, le rassembler exigeant une concentration de forces souvent fort difficile à produire sur certaines conformations. Il peut ainsi obtenir plusieurs airs de haute-école d'autant plus brillants et plus gracieux, que le poids du cavalier ne charge pas le rein du cheval [1].

On conçoit de quelle utilité peuvent être ces exercices pour préparer le cheval à exécuter ces mêmes airs sous le cavalier. Hâtons-nous toutefois d'ajouter, qu'au rassembler commence le travail de *haute-*

---

[1] Le travail de la cravache nous a été enseigné, il y a quelques années, par M. *Ducas*, écuyer militaire d'un talent remarquable, et nous l'avons appliqué depuis à tous les chevaux dont nous avons entrepris le dressage. Depuis deux ans nous y soumettons tous nos chevaux de remonte, et nous y avons toujours trouvé une grande ressource pour les préparer à l'action des aides inférieures.

Un autre écuyer militaire, M. le capitaine *Raabe*, auteur de plusieurs ouvrages d'un mérite incontestable, a érigé en théorie ce travail préparatoire. Toutefois, nous avons tout lieu de croire que l'invention en est due, comme tout le reste de la méthode d'ailleurs, à M. Baucher seul.

école qui a toujours nécessité et nécessitera toujours le tact parfait qui caractérise l'écuyer.

Nous conseillons donc aux cavaliers qui ne possèdent pas ce tact, de se dispenser tout à fait de pratiquer ce travail de concentration qui a toujours pour résultat, lorsque le cheval *n'est pas maintenu au ramener par une main exercée*, d'engager trop vite les membres postérieurs sous la masse, et partant de produire de l'acculement.

Quant aux cavaliers que la nature a doués de ce sentiment équestre indispensable pour tout travail de précision ou qui le doivent à la pratique et à l'expérience, l'avertissement dont nous avons fait précéder ce livre aura appris qu'il n'a pas été écrit pour eux; ce conseil ne peut donc les concerner; toutefois ils ne pourront que l'approuver.

§ 2. — Des flexions de mâchoire et d'encolure [1].

Assouplir un cheval, c'est vaincre la roideur et la contraction que présentent ses différentes parties et qui peuvent lui permettre de lutter avec avantage contre les aides du cavalier, et même de se soustraire tout à fait à leur action.

[1] Voir la Progression.

C'est par les assouplissements qu'on obtient la
légèreté, le liant, l'équilibre, sans lesquels il n'y a
pas de cheval *dressé*.

Pour atteindre ce résultat, il faut nécessairement
procéder du simple au composé, c'est-à-dire *isoler*
les résistances qui ont leur siége dans des parties
séparées, pour les combattre ensuite l'une après
l'autre [1].

On commence par assouplir la mâchoire et l'encolure, parce que l'expérience a démontré que ce
sont toujours ces parties qui se contractent d'abord,
lorsque le cheval cherche à résister aux aides du cavalier et à entrer en lutte avec lui.

« L'encolure, nous dit M. le docteur Auzoux [2], re-
présente un puissant levier dont l'animal se sert
comme d'un balancier, pour établir et maintenir
l'équilibre.

« Par un exercice approprié et journalier, par certaines pratiques, l'habile cavalier peut, comme on
dit, assouplir l'encolure, donner aux muscles *plus
d'énergie*, plus de précision dans l'action, plus

[1] M. *de Saint-Ange*, dans son *Traité d'hippologie*, explique de la
manière la plus lucide l'effet physiologique des flexions sur la machine
animale. Nous regrettons que l'exiguité du cadre que nous nous sommes
tracé ne nous permette pas de reproduire ici l'opinion du savant professeur.

[2] *Leçons d'anatomie et de physiologie humaine comparée*, p. 388.

d'aptitude à satisfaire aux exigences du mouvement ; donner au cheval plus de *rapidité et de solidité.* »

Les flexions enseignées par la nouvelle méthode permettent de faire céder en très-peu de temps la mâchoire, la tête et l'encolure de *tous* les chevaux, aux actions les plus délicates du mors. Par leur moyen il sera toujours possible de *ramener* le cheval, et par conséquent de l'avoir dans la main.

Le cheval dont les mâchoires et l'encolure n'ont pas été assouplies, les contractera à volonté, et nos forces se trouveront constamment annulées par ces résistances.

« Quand on aura retiré aux muscles leur roideur, il faudra agir sur eux de manière à les harmoniser pour ainsi dire comme les cordes d'un instrument, de façon qu'ils se prêtent un mutuel secours. Il faut donc d'abord employer le travail à pied et à cheval en place, et au pas, afin d'arriver peu à peu à donner tout le liant possible à l'encolure et à la mâchoire.

« Comme c'est par les diverses flexions que nous disposons convenablement le corps et les extrémités, et que c'est par sa contraction et son immobilité que le cheval montre l'intention de nous désobéir, il est évident que toutes les défenses se manifesteront par la contraction de l'encolure, et que son assouplissement et sa bonne position doivent d'abord nous occuper » [1].

Toutefois nous nous adressons, *nous*, en premier lieu aux mâchoires, et lorsque nous avons obtenu une certaine mobilité, nous passons à l'encolure, qui, dès lors, cède sans aucune difficulté [2].

Les résultats qu'on obtiendra en pratiquant ces assouplissements seront plus ou moins prompts ou faciles, suivant le degré deperfection de la nature de l'animal, et aussi suivant le plus ou moins de tact du cavalier.

S'il s'agit du dressage de chevaux de remonte, l'instructeur devra vérifier fréquemment le résultat du travail des cavaliers; ce résultat lui donnera la juste mesure du tact et de l'intelligence de chacun d'eux, et lui fera connaître en même temps ceux dont il aura à s'occuper plus particulièrement.

Ces assouplissements exécutés d'abord à pied seront répétés ensuite à cheval, de pied ferme, puis en marchant au pas, et l'on ne passera à la mobilisation

---

[1] OEuvres complètes de F. Baucher, p. 540.

[2] Cette manière de procéder a pour avantage de n'assouplir l'avant-main qu'en raison du service auquel on destine le cheval, c'est-à-dire, de la mobilité relative qu'on se propose de donner à l'arrière-main. Ainsi, le cheval de troupe, par exemple, n'a besoin le plus souvent que de flexions de *mâchoire*.

L'*affaissement préliminaire* que nous employons, et dont il faut d'ailleurs être très-sobre pour les chevaux de remonte, est plutôt un moyen d'arriver plus facilement à l'assouplissement des mâchoires qu'une flexion d'encolure proprement dite.

de l'arrière-main qu'après avoir obtenu un commencement de *ramener*.

Pour les chevaux de troupe, *on sera très-sobre de
flexions latérales de l'encolure, ainsi que des flexions d'affaissement*, une trop grande souplesse dans cette partie réclamant beaucoup de mobilité dans l'arrière-
main, résultat difficile à obtenir avec les cavaliers
militaires. Du reste, cette mobilité, qui est une qua-
lité chez le cheval destiné à être conduit avec tact,
serait un défaut grave chez le cheval de troupe, qui
doit pouvoir servir au premier cavalier venu, quelles
que soient d'ailleurs son adresse et son intelligence.

§ 3. — De l'effet d'ensemble et de la descente de main [1].

« Les *effets d'ensemble*, nous apprend M. Baucher,
s'entendent de la force continue et justement opposée
entre la main et les jambes. Ils doivent avoir pour
but de ramener dans la position d'équilibre toutes les
parties du cheval qui s'en écartent. »

Il n'est pas un mouvement qui ne doive être précédé et suivi d'un effet d'ensemble; dans le premier
cas il met le cheval dans les conditions les plus favorables pour répondre à l'action de nos aides ; dans

[1] Voir la Progression.

l'autre, il ramène au centre les forces qui se sont dispersées pendant le mouvement. Ce sera encore au moyen de ces effets que le cavalier arrêtera toute mobilité des extrémités provenant de la volonté du cheval. Celui-ci ne pouvant répondre convenablement à l'effet d'ensemble, s'il n'est en équilibre [1], et l'équilibre des forces étant une condition indispensable pour toute exécution régulière, l'effet d'ensemble nous servira à constater la légèreté du cheval avant de lui rien demander, en même temps qu'il contribuera à rétablir cette légèreté, si elle avait disparu par suite de la rupture momentanée de l'équilibre.

Nous ne saurions donc trop insister sur la production parfaite de ces effets qui ont la plus heureuse influence sur l'issue de tout dressage. Le cavalier devra les répéter *le plus souvent possible*, à toutes les allures, et pendant l'exécution même de tous les mouvements, et les faire suivre parfois de *la descente de main*, qui lui donnera une grande délicatesse de sentiment tout en communiquant de la justesse au cheval.

« La descente de main consiste à confirmer l'animal dans toute sa légèreté, c'est-à-dire à lui faire conserver son équilibre sans le secours des rênes, la souplesse donnée à toutes les parties du cheval, les justes oppositions des mains et des jambes, l'amènent

[1] Équilibre *relatif*, p. 22.

à se maintenir dans la meilleure position possible. Pour connaître au juste le résultat, il faudra avoir recours à de fréquentes descentes de main » [1].

Le cheval répond régulièrement à la descente de main, lorsque, après l'effet d'ensemble, le cavalier allongeant les rênes et relâchant les jambes, il conserve la position verticale de la tête sans augmenter ni ralentir son allure; l'encolure seule se sera affaissée un peu.

Dans les commencements, le premier ou les deux premiers pas seront, peut-être, seuls réguliers mais ce sera suffisant; le cavalier reprendra immédiatement le cheval par un nouvel effet d'ensemble, dès qu'il s'apercevra de la rupture de l'équilibre (dispersion des forces indiquées par la disparition de la légèreté et une augmentation d'allure).

Ces descentes de main seront pratiquées d'abord de pied ferme, ensuite à toutes les allures, et parfois même pendant l'exécution des mouvements; toutefois on évitera d'en abuser, surtout pour les chevaux de troupe, qui manquent généralement de sang, ont la tête lourde et sont très-disposés à s'enterrer.

« Cette feinte liberté donne une telle confiance au cheval, qu'il s'assujettit sans le savoir; il devient alors notre esclave soumis, tout en croyant conserver une indépendance absolue. »

[1] *Méthode d'équitation*, 10e édition, p. 165.

§ 4. — Des pirouettes et du travail sur les hanches [1].

De même que les flexions de mâchoire et d'encolure auront amené ces parties à une souplesse parfaite, le travail des *pirouettes* (hanches autour des
épaules et épaules autour des hanches) devra amener
une grande mobilité dans l'arrière-main et dans les
épaules.

Ces assouplissements, dont les résultats se mani-
festent moins promptement mais sont aussi certains
que les précédents, *devront être poussés d'autant plus
loin, qu'on aura obtenu une plus grande flexibilité dans
les mâchoires et dans l'encolure.*

Ici le travail est plus complexe; les actions des
jambes devront être d'autant mieux combinées avec
les oppositions des poignets, que le poids de la masse
est devenu tout à fait insuffisant pour maintenir en
place les parties autour desquelles d'autres doivent se
mouvoir, ainsi qu'il arrive pour les flexions de la
mâchoire et de l'encolure. Le cavalier devra donc
s'étudier à établir et à entretenir un accord parfait
entre ses jambes et ses poignets, de telle sorte que
l'impulsion donnée par les premières soit toujours

[1] Voir la Progression.

combinée avec les oppositions faites par les derniers ;
ces actions seront constamment en rapport entre elles,
afin que la moindre impression produite par les unes
soit immédiatement ressentie et régularisée par les
autres. C'est assez dire que les jambes devront toujours être près du cheval (sans l'étreindre toutefois),
et l'appui du mors, aussi léger que possible, ne cessera jamais d'être senti par les poignets.

Mais de même qu'il doit y avoir un rapport cons-
tant entre les poignets et les jambes, il doit exister
sans cesse aussi des relations d'un poignet à l'autre [1],
et des jambes entre elles. Ces relations combinées
avec l'aplomb du cavalier constituent *l'accord parfait
des aides*, dont il a été question dans un chapitre
précédent ; et comme les progrès de l'animal sont en
raison directe du plus ou moins de tact du cavalier à
entretenir cet accord, on peut dire, que le travail
des pirouettes a le double avantage de familiariser le
cheval avec les aides du cavalier, et de donner à ce
dernier une juste idée de la valeur de ses moyens de
domination.

Le travail sur les hanches aux trois allures servira à
confirmer l'un et l'autre : ce sera une application des
principes précédents, le cheval étant en marche.

---

[1] Ces relations se trouveront concentrées dans la main de la bride,
lorsque le cavalier sera arrivé à conduire son cheval avec cette seule
main.

L'entretien de l'allure sera donc la seule difficulté ajoutée au travail des pirouettes, et le cavalier la résoudra d'autant plus facilement, qu'il sera mieux pénétré des principes détaillés à l'article : *De l'action et de la position.*

§ 5. — Du reculer [1].

Le reculer est le complément des exercices pré-cédents.

Il ne faut faire reculer le cheval *que lorsqu'il a eu le temps de se convaincre qu'il lui est de toute impossibilité de ne pas se porter en avant à la sollicitation des jambes du cavalier.*

Avant de commencer ce travail, il faudra donc habituer le cheval à se porter franchement en avant à l'éperon, et à le supporter patiemment [2]; alors seulement, et lorsqu'une simple pression de jambes suffira pour le déterminer en avant, on commencera cet important exercice qui, bien compris, devra amener une souplesse notable dans le rein et dans toute la colonne vertébrale.

« C'est ici qu'on sera à même d'apprécier les bons effets et l'indispensable nécessité de l'assouplisse-

[1] Voir la Progression.

[2] Pincer délicat sans soutien de main (1re phase), et effet d'ensemble avec appui des éperons (phase intermédiaire). Voir p. 51 et 53.

ment de l'encolure et des hanches. Le reculer assez
pénible la première fois pour le cheval, le portera
toujours à combattre nos effets de mains par la roideur de son encolure, et nos effets de jambes par la
contraction de la croupe : ce sont là ses résistances
instinctives. Si nous ne pouvons en prévenir les mauvaises dispositions, comment alors obtiendrons-nous
les flux et les reflux de poids, qui doivent seuls déterminer la parfaite exécution du mouvement? Si l'impulsion qui, pour le reculer, doit venir de l'avant-
main, dépassait ses justes limites, le mouvement
deviendrait pénible, impossible, et donnerait lieu,
de la part de l'animal, à des brusqueries, à des vio-
lences et à des défenses, physiques d'abord, morales
ensuite, toujours funestes pour son organisation.

« D'autre part, les déplacements de la croupe, en
détruisant le rapport qui doit exister entre les forces
corrélatives de l'avant et de l'arrière-main, empê-
cheraient aussi la bonne exécution du reculer. L'exercice préalable auquel nous l'avons assujettie, nous
facilitera les moyens de la maintenir sur la ligne des
épaules pour entretenir la translation nécessaire des
forces et du poids [1]. »

Il est bien entendu qu'on procédera au travail du
reculer avec la même méthode qui doit présider à

---

[1] *Méthode d'équitation*, 19e édition, p. 139.

tout ce qui précède, c'est-à-dire, qu'on fera rétro-
grader *pas à pas*, chaque pas précédé et suivi d'un
effet d'ensemble, le cavalier ayant soin de reporter
parfois le cheval en avant, ce qui contribuera à augmenter sa mobilité et à le confirmer dans la parfaite
obéissance aux aides.

Comme la main de la bride n'a d'action rétrograde
directe que sur la mâchoire, et qu'elle ne fait refluer
les forces du cheval qu'en leur opposant une barrière
contre laquelle elles viennent s'appuyer, il est évident
que pour déterminer l'animal à reculer, il faut, après
l'avoir fixé dans la main, que les jambes, par leur
pression, sollicitent le centre de gravité à se porter
d'abord d'arrière en avant. Cette légère translation
de poids aura pour résultat de soulever de terre un
des membres postérieurs. La base de sustentation
se trouvant sensiblement diminuée, l'instabilité de
l'équilibre est devenue plus grande et, par suite, le
mouvement plus facile. Avant que le membre soulevé
de terre n'ait eu le temps de se porter en avant, la
main, par une petite action rétrograde (de bas en
haut et non en se rapprochant du corps), fera refluer
le centre de gravité en sens inverse de la direction
qui lui a été primitivement imprimée, ce qui obligera
le membre, qui allait se porter en avant, à se porter
au contraire en arrière pour étayer la masse. Le
membre antérieur, diagonalement opposé se retirera

ensuite, et le mouvement de reculer sera ainsi entamé [1].

En entretenant l'action des aides dans le même ordre, et l'équilibre au moyen des effets d'ensemble habilement ménagés, on obtiendra un mouvement en arrière aisé, qui, nous le répétons, servira de complément indispensable aux assouplissements précédents. La progression indiquera le moment précis, et la marche à suivre pour pratiquer avec succès cet important exercice.

Nous considérons ce chapitre comme des plus sérieux, car la connaissance parfaite des principes dont il traite est, selon nous, tout à fait indispensable à quiconque s'occupe de l'éducation du cheval de selle. On n'attache généralement pas assez d'importance au reculer, qui est cependant un des points fondamentaux du dressage; *il faut en user avec discrétion* dans les premiers temps, pour ne pas dégoûter le cheval; plus tard on le répétera plus fréquemment, et la souplesse du rein et de la croupe qui en sera le résultat, favorisera le rapprochement des extrémités, lorsqu'on commencera le travail délicat du

[1] Le cheval *équilibré* entame toujours le reculer par un membre postérieur; le membre antérieur diagonalement opposé se lève ensuite; puis le mouvement rétrograde continue par *bipèdes diagonaux,* ainsi que dans l'allure *du trot,* excepté toutefois que chaque bipède, pour se lever, attend que l'autre arrive à terre.

4

rassembler [1], travail, hâtons-nous de le dire, à l'ac-
complissement duquel le manque de tact des cavaliers
ordinaires sera toujours un obstacle insurmontable.
Aussi, ce ne seront pas des cavaliers ordinaires qui
pourront entreprendre le dressage de chevaux destinés à la haute équitation, mais bien des écuyers
dans toute l'acception que comporte le mot, c'est-
à-dire des hommes de cheval possédant toute l'instruction et l'aptitude physique (tact) qui se ratta-
chent à ce titre.

Quant aux chevaux d'armes, aux chevaux de
chasse et aux chevaux de promenade, leur instruction ne comprend pas le rassembler, et pourra être
menée à bonne fin par tous les cavaliers qui voudront
bien s'astreindre à suivre scrupuleusement les principes détaillés dans cette Progression, et tenir un
compte exact des recommandations qui y sont faites.

Nous ne cesserons de répéter à ceux qui persistent
à vouloir pratiquer la méthode *sans maître*, qu'ils
s'exposent à faire fausse route s'ils ne savent se contenter d'un travail simple et facile, et toutes les fois
qu'ils voudront obtenir par la force et au moyen
d'attaques réitérées ce qu'un travail progressif, bien
compris, et un tact parfait peuvent seuls donner.

_____

[1] Équilibre *absolu*. Voir p. 22.

§ 6. — De la concentration des forces au moyen des éperons [1].

Lorsque la pression des jambes est devenue insuffisante, pour entretenir la légèreté du cheval, on se sert des éperons, non comme le prescrit l'ordonnance de cavalerie, mais avec gradation, et de manière à les faire accepter à l'animal comme *une aide*, et point comme un instrument de châtiment.

De même que le mors de la bride n'agit *directement* que sur l'avant-main, et en particulier sur la mâchoire inférieure, les éperons n'ont d'action *directe* que sur l'arrière-main, et particulièrement sur les flancs du cheval.

Or, l'animal devant toujours, et quand même, se trouver *entre la main et les jambes*, après lui avoir fait considérer le mors de bride comme une barrière infranchissable, il faut nécessairement lui faire accepter les éperons comme une puissance impulsive irrésistible.

Ainsi, on a commencé par une action *locale* (indépendante des jambes) sur la bouche du cheval; on agira d'une manière analogue pour appliquer les éperons contre ses flancs : c'est-à-dire que les premiers

[1] Voir la Progression.

4.

attouchements (pincer des éperons) se feront sans aucun concours de la part de la main.

Lorsque le cheval se portera en avant avec légèreté
et sans aucune hésitation au contact le plus délicat
des éperons, et que, d'un autre côté, il ralentira et
s'arrêtera à un simple soutien de la main et sans s'appuyer sur celle-ci, il suffira de pratiquer, au moyen
de ces deux puissances, de justes oppositions, pour
qu'il se trouve bien réellement dans les conditions
mentionnées ci-dessus, c'est-à-dire, *entre la main et les
jambes.*

Cette condition est suffisante pour obtenir ensuite,
au moyen d'exercices gradués détaillés plus loin, le
degré d'équilibre ou plutôt l'acheminement vers
l'équilibre, que nous sommes convenus d'appeler
équilibre *relatif.*

Pour produire ensuite l'équilibre proprement dit,
celui que nous avons appelé *absolu,* celui enfin que
réclament les mouvements ascensionnels de la haute
équitation, il faut se rappeler que la nature a mis
plus de poids sur les épaules du cheval que sur ses
hanches. Il faut donc d'abord amener peu à peu
sur le derrière la moitié du poids qui surcharge le
devant; puis, l'équilibre établi, diminuer la base de
sustentatio de manière à le rendre le plus *instable*
possible.

On profitera donc de la souplesse donnée aux di-

verses parties de l'animal, pour lui faire engager insensiblement, au moyen des éperons *secondés par la
main*, les membres postérieurs sous la masse, afin de
les disposer à recevoir le poids qui leur est destiné,
et en continuant ce travail de concentration, de réduire la base le plus qu'on pourra.

D'après ce qu'on vient de voir, l'emploi des éperons comme aide, présente donc *deux phases* bien distinctes : 1° pincer délicat des deux éperons appliqués
simultanément, *en marchant*, sans soutien de la main,
et ayant pour but de confirmer le cheval dans l'obéissance aux jambes, de lui donner de la franchise et un
commencement de légèreté; 2° *attaques* délicates de
pied ferme, avec soutien de la main, destinées à modifier la répartition du poids et à donner de l'instabilité à l'équilibre; en un mot, pour mettre l'animal
au *rassembler*.

Une *phase intermédiaire*, et qui est due à une innovation heureuse et toute récente de M. Baucher,
peut être considérée comme le trait d'union entre les
deux précédentes, et consiste en un *appui* progressif,
une pression graduée de l'éperon en arrière des sangles et combinée avec le soutien de la main, lorsque
l'appui de la jambe est devenu insuffisant pour la
production de *l'effet d'ensemble*.

Il suit de ce qui précède que lorsque le cheval sup-
porte patiemment les petits attouchements (pincer

1re phase), sans sortir de la main, il entre dans la phase intermédiaire; alors le cavalier cherche à le renfermer au moyen du soutien de la main et d'une pression graduée et continue des éperons en arrière des sangles, d'abord par effets diagonaux (une rêne de bride et la jambe diagonalement opposée), ensuite par effets d'ensemble. Enfin, le cavalier répète ces effets en substituant à ces pressions progressives de *petites attaques* qui devront amener un commencement de concentration des forces, et dès que le cheval y est soumis, il peut commencer la leçon proprement dite de *concentration*; celle-ci marque la 2e phase de l'emploi des éperons et doit mettre les forces de l'animal à l'entière discrétion du cavalier.

Ce dernier travail est l'introduction à la haute école. Lorsque le cavalier est arrivé à cette partie du dressage, le cheval doit être parfaitement *ramené, assoupli* et *se renfermer sur les attaques* (phase intermédiaire). Alors l'équilibre des *forces* devenant insuffisant pour l'exécution des mouvements ascensionnels, on y ajoute l'équilibre du *poids*, en modifiant la répartition de ce poids au moyen des effets précieux du rassembler. Par ces effets, on arrive en outre peu à peu à rapprocher les extrémités sous la masse et, par conséquent, à donner à l'animal une grande mobilité.

La légèreté du cheval étant en raison directe de l'insta-

bilité de son équilibre, s'il se laisse facilement rassembler dans toutes les circonstances, il sera constamment léger et disposé à exécuter avec régularité les mouvements les plus compliqués de la haute équitation. Ce sera un cheval dressé.

Le travail de concentration demande nécessairement beaucoup de tact, et, comme nous l'avons dit dans un chapitre précédent, ne peut être entrepris par un cavalier ordinaire, sous peine de s'exposer à des accidents graves ou tout au moins à rendre le cheval rétif [1].

« Le cheval *rassemblé* se trouve transformé en une sorte de balance dont le cavalier est l'aiguille. Le moindre appui sur l'une ou l'autre des extrémités qui représentent les plateaux, les déterminera immédiate-

[1] Nous croyons devoir recommander aux cavaliers non versés dans la pratique de la nouvelle méthode, une discrétion des plus grandes dans l'emploi des éperons, surtout avec certaines juments dont le dressage n'est pas sans présenter parfois de sérieuses difficultés. Nous engageons fortement tous ceux qui n'ont pas été initiés au secret des attaques de *pied ferme*, s'ils entreprennent le dressage d'une jument irritable, sans le secours d'un maître, de ne faire usage des éperons qu'avec beaucoup de réserve et en marchant seulement, ainsi qu'il sera expliqué pour les chevaux de troupe, s'ils ne veulent s'exposer à des déceptions.

Nous donnerons néanmoins, pour mémoire, la progression des attaques pour amener tout cheval au *rassembler*, telles que nous les appliquons personnellement, c'est-à-dire telles que nous les comprenons pour donner à l'éducation tout le fini désirable ; mais plutôt pour faire sentir à l'élève la difficulté de les pratiquer, que pour l'engager à en tenter l'essai.

ment dans la direction qu'on voudra leur imprimer.
Le cavalier reconnaîtra que le rassembler est complet,
lorsqu'il sentira le cheval prêt, pour ainsi dire, à s'enlever des quatre jambes. C'est avec ce travail qu'on
donne à l'animal le brillant, la grâce et la majesté,
ce n'est plus le même cheval, la transformation est
complète. Si nous avons dû employer l'éperon pour
pousser d'abord, jusqu'à ses dernières limites, cette
concentration de forces, les jambes suffiront, par la
suite, pour obtenir le rassembler nécessaire à la cadence et à l'élévation de tous les mouvements compliqués.

« Ai-je besoin de recommander la discrétion dans
les exigences ? Non, sans doute, si le cavalier, arrivé
à ce point de l'éducation de son cheval, ne sait pas
comprendre et saisir de lui-même la finesse de tact,
la délicatesse de procédés indispensable à la bonne
application de ces principes, ce sera une preuve qu'il
est dénué de tout sentiment équestre ; mes instances
ne sauraient remédier à cette imperfection de sa nature » [1].

[1] OEuvres complètes de F. Baucher, 10ᵉ édition, p. 171.

§ 7. — Conclusion.

Récapitulons maintenant les principes analysés dans les paragraphes précédents, et résumons-les de manière à en faire un tout susceptible de répondre victorieusement et le plus brièvement possible , à quelques objections soi-disant *capitales*, qu'on trouve dans la bouche de beaucoup de gens qui ne comprennent pas ou ne veulent pas comprendre la méthode.

D'après ce qu'on vient de voir, le but que se propose l'école de M. Baucher est de s'emparer des forces du cheval par l'assouplissement (non par la fatigue), et de déterminer l'équilibre.

Pour arriver à faire céder facilement toutes les charnières, toutes les articulations qui composent la machine, il faut nécessairement assouplir en particulier chacun des organes qui agissent sur elles, et pour cela il faut procéder par ordre.

On commence par les muscles des mâchoires pour les motifs indiqués précédemment[1], et, à cet effet, on n'emploie *que des moyens doux* qui, toutefois, n'excluent point une certaine fermeté : point de force, point de brutalité, point de lutte avec le cheval ; les oppositions des mains sont exactement proportionnées aux résistances du cheval, qui alors cède facilement aux

[1] Voir p. 38.

effets du mors, sans jamais chercher à s'y soustraire
par la violence. Les mors *durs* sont donc absolument
rejetés pour ce travail.

Après la mâchoire on passe à l'encolure, en agissant avec la même gradation.

Le cavalier, étant maître de la tête et de l'encolure, de manière à pouvoir leur donner les positions
réclamées pour les mouvements qui vont suivre,
commence l'assouplissement des hanches en les faisant tourner, pas à pas, autour des épaules maintenues en place, n'exigeant d'abord que peu de perfection dans l'exécution de ce travail.

Il use de la même prudence pour assouplir les
épaules, en obligeant celles-ci à tourner autour des
hanches.

Enfin, il complète plus tard ces assouplissements
en place, par le travail progressif et méthodique du
reculer, qui agit plus particulièrement sur les muscles
du dos, du rein et de la croupe.

On a vu que c'était par des oppositions judicieuses
des aides qu'on produit l'équilibre des forces musculaires, et, par suite, ce que nous sommes convenus d'appeler l'*équilibre relatif* : l'ayant obtenu de
pied ferme (ce qui se traduit par la légèreté à la
main et à l'aisance dans les mouvements), on cherche
à l'obtenir successivement à toutes les allures, d'a-
bord sur une piste, ensuite sur deux.

Et voilà le cheval dressé suivant la méthode de
M. Baucher.

Maintenant, veut-on un cheval *de troupe ?* on lui
donnera une souplesse relative; on fera un instrument grossier pour des mains grossières.

Demande-t-on un cheval de promenade, un cheval
d'officier léger et gracieux, on poussera un peu plus
loin les assouplissements et la concentration des
forces.

Enfin, réclame-t-on un *cheval de tête*, un cheval
destiné aux hautes difficultés de l'art, on lui appliquera la méthode dans tous ses détails et avec tous
ses raffinements.

Est-il nécessaire maintenant d'ajouter que, pour
appliquer ainsi la méthode suivant nos besoins, il
faut, avant toute chose, une aptitude personnelle en
rapport avec les difficultés du genre du dressage qu'on
veut entreprendre ? Pour être conséquent, confiera-
t-on l'éducation d'un cheval d'officier au premier
soldat venu, et l'écuyer fera-t-il dresser ses chevaux
par ses piqueurs ?

Mais la supposée difficulté d'appliquer la méthode
n'est pas la seule objection qu'on ait faite à son admissibilité.

Elle fatigue le cheval et l'use prématurément, prétendent les uns ! Nous sommes d'un avis diamétra-
lement opposé, et nous l'appuyons non-seulement

sur notre expérience personnelle, mais surtout sur la saine raison : qu'est-ce qui fatigue le cheval, si ce ne sont *les contractions étrangères à la production du mouvement et de l'équilibre*, et les luttes que l'animal soutient contre les volontés mal transmises de son cavalier ? Or, les contractions brusques, violentes, dont use le cheval pour se défendre, ne se présentent jamais en suivant scrupuleusement les règles de dressage prescrites par M. Baucher, qui pose en principe *sine quâ non*, d'éviter toute lutte avec le plus grand soin, et de ne jamais chercher à renverser ce qu'on ne peut arrêter.

Toutes les exigences étant sages et en rapport avec les moyens et le degré d'instruction du cheval, celui-ci y répond toujours par une obéissance intelligente, et y trouve immédiatement son bien-être comme récompense. Pourquoi donc lutterait-il ?

La ruine du cheval ne pouvant avoir pour causes la résistance et la lutte, puisqu'il n'y a ni lutte ni résistance, cette cause ne pourrait donc être attribuée qu'à la *souplesse* communiquée aux muscles et à toutes les articulations, en retour de leur roideur primitive. D'où il faudrait conclure *que le muscle qui travaille s'affaiblit !*...

La méthode Baucher restreint les allures, a-t-on écrit aussi : qu'est-ce donc que le *mouvement*, et qu'entendez-vous par *équilibre ?* La vitesse de l'un n'est-elle pas une conséquence de l'*instabilité* de l'autre, et la méthode ne vous enseigne-t-elle pas les moyens de rendre l'équilibre le plus instable possible? *Vous auriez donc restreint le mouvement parce que vous aurez augmenté l'instabilité de l'équilibre!*

Il s'agit toutefois de ne pas prendre dans un sens par trop absolu ce que nous venons d'avancer et n'en pas déduire que, pour avoir un cheval très-vite, au lieu de le soumettre à un *entraînement* progressif, ainsi qu'on a coutume de le faire, il faille le mettre au *rassembler*, le dresser à la haute école, ce qui serait tout bonnement une absurdité : chacun sait que, chez le cheval surtout, l'*habitude* devient une seconde nature. Il importe donc, avant tout, de ne pas lui en donner qui soient incompatibles avec le genre de service auquel on le destine.

Arrêtons-nous un instant à ces deux types opposés, le cheval de course et le cheval de haute école, et à cet effet rappelons-nous tout d'abord que la nature a réparti le poids du cheval de telle sorte, que le centre de gravité se trouve plus rapproché des épaules que des hanches. Chez le cheval de course, on a mis tout en œuvre pour porter et maintenir ce centre *le plus en avant possible* et pour *habituer* l'animal à manier en restant dans ces conditions de pondération tout exceptionnelles. Dans le cheval de haute école, au contraire, on a modifié la répartition du poids en sens inverse et après avoir *reculé* ce centre de gravité, on l'a fixé en arrière de sa position *normale*, en donnant au cheval l'*habitude* de se mouvoir en restant dans cette position artificielle.

De même qu'il est impossible au jockey d'arrêter à volonté son cheval lancé à toute vitesse, nous pensons que l'écuyer ne peut donner instantanément le degré extrême de la vitesse dont est susceptible le sien, s'il ne l'y a préalablement exercé. Le premier cheval ne pourra pas s'arrêter ou se détourner de sa direction, parce qu'il sera entraîné par le poids de sa masse ; le deuxième refusera *de se livrer*, parce que, *habitué* à se mouvoir avec le centre de gravité contenu dans certaines limites, il n'osera pas les lui faire brusquement dépasser, de crainte de tomber. Dans l'un et l'autre cas, c'est la répartition du poids qui joue le principal rôle, et non la force musculaire, ainsi que l'ont prétendu quelques auteurs en ce qui concerne le cheval de haute école.

Après avoir prescrit pour ce dernier le *maximum de concentration des forces*, nous croyons rester pleinement d'accord avec nos principes posés précédemment, en recommandant *le minimum* pour le dressage du cheval de course ou, pour être plus exact, en rejetant pour celui-ci tout travail de concentration. Il nous serait en effet très-facile de démontrer, en nous appuyant sur les lois de la statique d'accord avec celles de la physiologie, que ce travail, *indispensable* pour l'éducation du cheval destiné à l'équitation supérieure, serait non-seulement superflu, mais tout à fait contraire à celle de l'animal qui doit lutter de vitesse sur un hippodrome. Pour celui-là, un exercice *gymnastique*, un assouplissement *bien entendu*, en fortifiant les muscles, rendrait leurs attaches plus résistantes, et mettrait l'animal dans d'excellentes conditions pour subir l'entraînement, travail pénible auquel beaucoup de chevaux sont redevables de tares et d'une usure prématurées, bien plus qu'aux luttes de l'hippodrome elles-mêmes.

Mais les deux types extrêmes que nous venons de mettre en regard sont également éloignés l'un et l'autre du modèle que nous choisirons lorsqu'il s'agira du cheval de selle proprement dit, c'est-à-dire du cheval destiné à la promenade, à la chasse ou à la guerre, celui-là devra être *maniable* en raison de nos besoins, et en raison de ces mêmes besoins, il devra, dans un moment donné, être susceptible de fournir une course rapide et soutenue. Nous nous garderons donc bien de le transformer en une machine exceptionnelle, et nous lui laisserons le centre de gravité à sa position *normale*, nous contentant d'en diriger les oscillations suivant nos besoins du moment, ce que l'équilibre *relatif* nous permettra de faire sans aucune difficulté.

Nous comprenons donc, jusqu'à un certain point, que les personnes qui ne voient dans l'équitation Baucher que l'équilibre *absolu* (balance hippique) n'en veulent point pour l'usage ordinaire; mais nous sommes forcé de leur dire, qu'elles ne comprennent de cette équitation que la partie la moins utile et qui, de plus, est hérissée de difficultés. Si la nouvelle école donne les moyens infaillibles pour arriver à faire de *la poésie équestre*, elle enseigne avant tout et surtout à faire une bonne *prose;* c'est celle-là que nous recommandons à tous les cavaliers, et en particulier à ceux qui n'ont pas fait de l'équitation une étude spéciale. Nous ajouterons même que l'équilibre *absolu*, ne dût-il point nuire à la spontanéité du développement de la plus grande vitesse, ne devrait quand même jamais être recherché par le commun des cavaliers, les moyens à employer pour l'obtenir étant par trop dangereux.

Ainsi, nous le répétons, la nouvelle méthode est loin de restreindre les allures, lorsqu'on sait l'employer suivant le service qu'on réclame du cheval; et ce n'est que, parce qu'elle a été trop fréquemment employée sans discernement, que nous avons pensé faire une chose utile, en établissant une classification qui permet à chacun, suivant ses moyens, de bénéficier d'une découverte qui, jusqu'à ce jour, n'a profité qu'aux cavaliers privilégiés.

On verra plus loin que *nous avons entièrement exclu du dressage du cheval de troupe le travail de concentration au moyen des éperons*, car nous considérons ce travail comme d'une application trop difficile. Nous y avons substitué avec avantage celui de la cravache, dont l'exécution est simple et à la portée des intelligences les plus ordinaires.

Mais par la raison que nos moyens d'action sur l'arrière-main sont moins énergiques et par conséquent plus lents, nous avons aussi modifié le travail des flexions, le réduisant pour ainsi dire aux assouplissements de la mâchoire. Ces flexions sont même entièrement supprimées, dès qu'on a obtenu le *ramener* du cheval.

Les pirouettes sur les épaules et sur les hanches et les pas de côté, au moyen des jambes secondées par la cravache, nous donnent une mobilité suffisante dans l'arrière-main, et le *pincer* délicat des éperons prescrit par l'ancienne école, une franchise et une obéissance aux aides qui nous permettent de compléter les assouplissements par le travail important du reculer.

Comme il importe, en assouplissant le cheval de troupe, de ne point ôter de son impulsion en lui donnant l'*habitude* du travail ralenti et cadencé (qui, mal compris, pourrait le mettre *derrière la main*), nous employons alternativement les allures lentes et les allures vives, de telle sorte que l'animal soit toujours disposé à passer de l'une à l'autre sans aucune hésitation, et qu'il conserve toute la vitesse et la franchise désirables dans *le mouvement en avant.*

Ainsi les résultats *infaillibles* que nous donne notre progression ne sont dus en partie qu'à l'enchaînement raisonné des divers exercices auxquels nous soumettons le cheval, et que nous avons empruntés à la méthode de M. Baucher.

L'animal est habitué à céder d'abord aux diverses pressions du mors, ce qui fait que, une fois monté, il ne redoute plus rien de la main du cavalier. Le premier résultat de ces assouplissements est *un calme parfait au montoir*, et la disparition complète d'une foule de défenses occasionnées par l'effet douloureux du mors.

Comme l'action des jambes sans le secours des éperons est insuffisante à faire céder promptement l'arrière-main, nous préparons le cheval, avant de le monter, à ranger ses hanches au moindre toucher de la cravache; puis, en répétant ce travail l'animal étant monté, et faisant précéder chaque contact de la cravache d'une pression de la jambe du même côté, nous obtenons facilement et sans aucune défense de la part du cheval le degré de mobilité que nous auraient donné les éperons. On voit que ceci n'est qu'une variante de l'application *des gaules* prescrit par les règlements de cavalerie. *Sans nous écarter de ces rè-glements* et de la décision du comité de cavalerie qui supprime la méthode en autorisant les flexions de mâchoire et d'encolure, nous obtenons sur tous les chevaux, quels qu'ils soient, une éducation prompte et complète.

Nous croyons avoir suffisamment démontré plus haut qu'il est impossible que la méthode *bien appliquée* fatigue le cheval et restreigne ses allures. Il ne nous serait pas plus difficile de réfuter tant d'autres croyances non moins absurdes ou tout au moins erronées ; mais l'expérience et le bon sens public en ayant fait justice depuis longtemps, nous ne croyons pas devoir nous y arrêter.

Il est clairement prouvé aujourd'hui, pour quiconque s'occupe *sérieusement* du dressage du cheval, que l'équitation, ainsi que l'entend M. Baucher, est la seule en rapport avec les besoins de notre époque, parce qu'elle exclut *la routine*, que ses moyens d'action sont classés avec *méthode* et raisonnés avec logique, et surtout parce que chacun peut les appliquer *en raison de ses exigences* : le soldat comme l'officier, l'amateur comme l'écuyer.

Nous concluons en définitive que, si beaucoup de cavaliers ont échoué en voulant appliquer la méthode *sans maître*, on n'en peut attribuer la cause à l'insuffisance des principes : la méthode Baucher mal appli-

5.

quée n'est plus la méthode Baucher. Qu'on se donne donc avant tout la peine de l'apprendre, et l'on prononcera après.

Nous terminerons ici nos considérations sur la nouvelle méthode, nous bornant à ajouter quelques observations indispensables à la parfaite intelligence de notre Progression appliquée.

C'est avec intention que nous n'avons pas limité d'une manière absolue le nombre ni la durée des séances pendant lesquelles le cheval devra être soumis à tels ou tels exercices; ce sera à l'intelligence et au tact du cavalier de suppléer à cette omission volontaire.

MM. les instructeurs militaires chargés du dressage des chevaux de remonte, qui croiront devoir faire usage de notre Progression, décideront de l'opportunité de passer d'une leçon à l'autre, en se réglant, bien entendu, sur les chevaux les moins avancés.

Tout ce qui n'est pas applicable à l'instruction des chevaux de troupe est imprimé en caractères plus petits et sera naturellement supprimé par les cavaliers ordinaires.

Il est urgent de faire les séances courtes, surtout dans les premiers temps, pour éviter la fatigue.

Les cavaliers isolés, qui pourront à volonté choisir l'heure et fixer la durée de leur travail, feront bien d'exercer leurs chevaux deux fois par jour, matin et soir, pendant trois quarts d'heure chaque fois.

Quant aux chevaux de remonte, le service militaire

ne permettant pas toujours de les faire travailler deux
fois, les premières séances seront d'une heure, et pourront être portées progressivement à une heure et demie.

Soixante séances suffisent largement pour le dressage
des chevaux de troupe ; toutefois, à moins de pénurie
de chevaux ou de besoins imprévus [1], on fera bien de
les garder plus longtemps ; de même qu'on aura at-
tendu le plus tard possible pour commencer leur instruction. Cette mesure, auxiliaire d'une hygiène bien
entendue, est éminemment protectrice de la santé des
chevaux ; elle est indispensable à l'achèvement de
leur développement physique. Par un empressement
inconsidéré, par une instruction trop hâtive, on ne
donne qu'une éducation vicieuse, et l'on ruine, en
peu de temps, bon nombre de jeunes chevaux, qu'il
n'aurait fallu peut-être attendre que quelques mois
de plus, pour les conserver longtemps en bonne santé;
cette mesure a de plus le grand avantage d'accélérer
considérablement l'instruction, puisqu'elle ne s'exerce
alors que sur des chevaux jouissant de la plénitude de
leurs forces, circonstance favorable au dressage du
cheval qui, dans ce cas, offre infiniment moins de résistance.

---

[1] En cas de besoins imprévus, on exercera les chevaux deux fois par
jour, et il sera facile d'obtenir, en trente jours de travail et sans aucune
fatigue, une éducation *plus complète* que celle qu'on donnait par les
anciens errements en six ou huit mois.

Nous le répétons, cet essai n'a point pour objet de convertir aux doctrines de la nouvelle école, ne s'adressant qu'aux cavaliers qui y sont déjà initiés en grande partie, mais qui conservent quelque incertitude sur la marche à suivre pour atteindre sûrement le but. Ce n'est que, cédant aux instances réitérées d'un grand nombre de ces cavaliers, que nous nous sommes décidé à livrer notre Progression à la publicité, quoiqu'elle ne nous ait constamment donné que des résultats on ne peut plus satisfaisants. Nous avons pensé leur rendre service en leur offrant un guide susceptible de leur éviter des ennuis, des déboires qui, tôt ou tard, auraient tourné, quoique à tort, au détriment de la méthode.

Nous avons pensé aussi que, au point de vue de l'instruction des chevaux de troupe, notre essai d'une École de peloton (*tout à fait indépendante d'ailleurs des principes qui ont présidé au dressage des chevaux*), pourrait remplacer avec avantage le travail prescrit à ce sujet par l'ordonnance de cavalerie, et qui nous semble infiniment trop long.

Nous avons donc divisé notre Progression en deux parties; la première, traitant de l'éducation du cheval de selle en général, à quelque service qu'on le destine; la deuxième, indiquant le complément d'instruction à donner au cheval de selle pour en faire un cheval de guerre.

PROGRESSION

POUR SERVIR

AU DRESSAGE DES CHEVAUX DE SELLE

ET PARTICULIÈREMENT DES CHEVAUX D'ARMES.

OBSERVATIONS PRÉLIMINAIRES

RELATIVES AU DRESSAGE DES CHEVAUX DE TROUPE.

Pendant toute la Ire partie, l'instructeur sera à pied, et secondé, autant que possible, par un nombre de sous-instructeurs proportionné à la quantité de chevaux à dresser. Avant de commencer l'instruction, il s'assurera que les chevaux sont sellés de manière à n'être gênés par aucune partie du harnachement [1]. Il portera aussi une attention toute particulière à la manière dont ils sont *embouchés* [2].

Comme beaucoup de chevaux de troupe ont la tête lourde et sont disposés à s'enterrer ; que d'autres sont naturellement *ramenés*, il est utile de constater ces propensions d'avance, afin d'en tenir compte dans le travail d'assouplissement de la mâchoire et de l'encolure. A cet effet, la veille de commencer le dressage, l'instructeur fera conduire tous les chevaux au manége et les fera monter, après avoir pris toutes les précautions pour éviter les défenses. Il fera marcher sur la piste en colonne par deux, recommandant aux cavaliers de ne se servir que des rênes du filet.

Après avoir fait un temps de trot pour calmer les chevaux, l'instructeur fera ajuster les rênes de la bride dans la main gauche et croiser celles du filet dans la main droite. Il fera marcher ensuite alternativement au pas et au trot, *et prendra en note* les chevaux qui, par suite de leurs dispositions naturelles, auront besoin d'être l'objet d'une surveillance particulière pendant le travail des flexions de pied ferme.

Pour le dressage, les cavaliers auront des éperons, mais ils n'en feront usage que sur l'avis de l'instructeur. Ils seront munis d'une cravache, et, à défaut, d'une gaule de 1^{m}25^{c} de longueur.

Les premières séances seront courtes, afin d'éviter la fatigue.

Pendant toute la durée de l'instruction, l'instructeur devra donner l'exemple du calme et de la douceur avec les chevaux. Toute impatience, tout mouvement brusque de la part du cavalier, devront être immédiatement réprimés ; tout mauvais traitement, sévèrement puni.

---

[1] Les mamelles de l'arçon, à quatre travers de doigt de l'épaule; la croupière un peu longue, ainsi que le poitrail.

[2] Les canons du mors à 3 centim. des crochets ou à 4 centim. et demi des coins ; la gourmette assez lâche pour qu'on puisse y passer facilement le doigt.

1

2

Travail préparatoire de la cravache.

1. Faire venir le cheval à soi.
2. Préparation au ramener.

M.Gerhardt, Manuel d'équitation

Pl. II . p .72 .

1

2

Travail préparatoire de la cravache.

    1. *Faire ranger les hanches.*
    2. *Préparation au reculer.*

PROGRESSION

POUR SERVIR

AU DRESSAGE DES CHEVAUX DE SELLE

ET PARTICULIÈREMENT DES CHEVAUX D'ARMES [1].

> Un grand nombre d'amateurs pensent qu'il suffit de lire mon livre pour pratiquer habilement mes principes. En exceptant quelques organisations supérieures, je ne crois pas qu'il soit possible de réussir dans la pratique sans les leçons d'un professeur, qui, seul, peut initier aux effets du mécanisme, toujours faiblement rendus par écrit ; c'est alors seulement que la lecture, qui a ouvert les yeux, devient profitable. J'ajouterai qu'il faut être cavalier pour entreprendre avec succès tout ce que je prescris.
> (BAUCHER, 10e édition, p. 142.)

PREMIÈRE PARTIE[2].

Ire LEÇON.

1° Travail préparatoire de la cravache ;
2° Flexions de mâchoire et d'encolure ;
3° Marcher au pas et changer de main ;
4° Pirouettes sur les épaules et sur les hanches ;
5° Effets d'ensemble.

Le cavalier conduit son cheval au manége, en tenant de la main droite les rênes du filet passées par-dessus l'encolure ; les étriers sont relevés ; la gourmette est décrochée.

[1] La partie du texte en petits caractères n'est pas applicable au dressage des chevaux *de troupe.*

[2] Pour appliquer cette Progression, il est indispensable de consulter la *Récapitulation* qui termine chaque leçon.

§ 1er. — Travail préparatoire de la cravache [1].

En entrant au manége, les chevaux sont rangés sur la ligne du milieu, à trois mètres l'un de l'autre [2].

Après avoir accroché la gourmette, le cavalier déboucle la muserolle, pour permettre au cheval de desserrer les mâchoires en cédant aux actions du mors ; il passe les rênes de bride par-dessus l'encolure, engage dans leur extrémité le pouce de la main gauche, et les saisit de cette même main à seize centimètres des anneaux ; il caresse ensuite le cheval en le regardant avec aménité, afin de le rassurer si ces préparatifs lui avaient causé de l'inquiétude ; enfin, en l'attirant à soi de la main gauche, il lui applique *délicatement* et à petits coups sur le poitrail, la cravache tenue horizontalement dans la main droite.

Si, au lieu d'avancer, l'animal hésite, le cavalier continue l'action de la cravache, en opposant énergiquement la main gauche.

Les attaques de la cravache, proportionnées à l'impressionnabilité du cheval, devront se succéder de

[1] Voir l'Introduction, p. 35.

[2] L'instructeur fera bien d'établir plusieurs catégories, en raison des notes qu'il aura prises *à la séance préliminaire* (p. 72) ; puis, il se placera au centre, et, à mesure qu'il donnera une explication relative au travail à pied, il aura soin de joindre l'exemple au principe. Il passera ensuite d'un cavalier à l'autre, pour s'assurer qu'il a compris ou pour rectifier son travail, s'il y a lieu.

seconde en seconde, jusqu'à ce que, pour s'y soustraire, il se porte en avant; alors le cavalier, cessant
toute action, le récompense par une caresse.

Si le cheval recule, tout en continuant l'opposition
de la main gauche, le cavalier redouble d'énergie
dans ses attaques au poitrail, *sans toutefois frapper assez
fort pour provoquer des mouvements désordonnés;* ces petits coups de cravache se succéderont de même à
intervalles égaux, jusqu'à ce que l'animal cède; alors
les attaques diminueront d'intensité, et cesseront
complétement lorsqu'il aura fait preuve de soumission en se portant franchement un pas en avant;
ce sera le moment de l'arrêter et de le caresser.

Il arrive aussi parfois que le cheval cherche à se
soustraire à l'action de la cravache, en se dérobant à
droite ou à gauche : il faut alors, pour le décider à
se porter en avant, attaquer de préférence l'*épaule du
côté vers lequel il cherche à appuyer.*

En recommençant plusieurs fois ce travail, il n'est
pas un cheval qui ne se porte franchement en avant
au simple contact de la cravache. Il est indispensable
d'obtenir cette docilité avant de commencer les
assouplissements de la mâchoire et de l'encolure.

Plus tard, lorsque les flexions auront produit un
commencement de *ramener*, on confirmera ce ramener, *en faisant marcher le cheval sur la cravache* (qui
alors remplira l'office des jambes d'un cavalier) et en

Préparer
le *ramener.*
Pl 1, *fig.* 2.

produisant de légères oppositions au moyen de la
main gauche. Pendant ce travail, il ne faut jamais
permettre à l'animal de ralentir, encore moins d'arrêter : les petits attouchements au poitrail devront
entretenir l'allure, en produisant parfois un surcroît
d'action dont la main s'emparera au profit du ramener. On arrêtera le cheval pour le récompenser, toutes
les fois qu'il aura cédé régulièrement.

Le cavalier devra toujours rester calme, tout mouvement d'impatience et de colère ne pouvant servir
qu'à surexciter l'animal, qui finirait par se rebuter
et par opposer de sérieuses résistances.

Faire ranger les hanches. *Pl. II, fig. 4.* On se sert surtout de la cravache pour apprendre
au cheval *à ranger ses hanches* : à cet effet, le cavalier,
après s'être placé en face de lui et tenant les rênes
de bride de la main gauche, *de manière à fixer les
membres antérieurs en place*, le touchera délicatement
derrière les sangles. Dès que les hanches auront cédé,
en se portant de droite à gauche, il arrêtera le cheval,
le caressera et fera fuir ensuite les hanches de gauche
à droite, après avoir changé les rênes de main et pris
la cravache dans la main gauche.

Préparation au reculer. *Pl. II, fig. 2.* On peut aussi, au moyen de la cravache, préparer
le travail du *reculer ;* à cet effet, *lorsque le cheval sera
suffisamment ramené*, le cavalier le placera bien droit
sur la piste, à main gauche, et produira un effet de
mise en main ; puis il touchera l'animal sur le som-

met de la croupe, et, dès qu'il fera mine de lever un
de ses membres postérieurs, la main gauche, en s'é-
levant un peu, se rapprochera du poitrail, afin de déterminer le cheval à reporter en arrière la portion
de poids que le contact de la cravache aura fait
affluer sur les épaules; lorsqu'il aura fait un pas en
arrière, le cavalier l'arrêtera et, l'équilibre rétabli,
recommencera immédiatement.

On fera répéter ensuite cet exercice à l'autre main,
en tenant les rênes de la main droite et la cravache
de la main gauche.

Lorsque le cheval exécutera régulièrement les ro- Faire marcher
tations autour des épaules, on le fera marcher sur sur
deux pistes. Le cavalier, ayant passé les rênes *sur* deux pistes.
l'encolure, saisira la rêne gauche de la bride avec la
main gauche près de la branche du mors, et après
avoir attiré le cheval à soi pour provoquer le *mouve-*
ment, il le déterminera à *appuyer* à gauche, en impri-
mant cette direction à l'avant-main; il se servira en
même temps de la cravache derrière les sangles, pour
faire fuir les hanches, les obligeant ainsi à suivre
une ligne parallèle à celle que parcourent les épaules.

Mêmes principes et moyens inverses pour appuyer
à gauche.

Cet exercice, ainsi que le précédent, devra se pratiquer *pas à pas,* le cavalier arrêtant fréquemment le
cheval pour le caresser et le rassurer.

Le travail de la cravache, judicieusement appliqué, communiquera une grande souplesse au cheval et deviendra un puissant auxiliaire des jambes, lorsque le cavalier sera en selle. Il a l'avantage de pouvoir remplacer certaines attaques des éperons, dont l'application a paru trop difficile pour les cavaliers ordinaires et a servi jadis de prétexte au rejet de la méthode.

Pour donner une plus grande précision à ce travail, *à mesure que le cheval s'assouplit de la mâchoire et de l'encolure*, le cavalier, en le faisant appuyer, *le placera* de manière que la tête soit un peu tournée du côté vers lequel doivent se porter les hanches; à cet effet, il saisira de la main gauche la rêne gauche de la bride, près de la branche du mors, et de la main droite, la rêne droite *vers son extrémité*, de manière qu'en tendant cette dernière rêne, il puisse amener la tête et l'encolure dans une demi-flexion à droite.

Pendant que la main gauche, par son opposition, règle le déplacement de l'épaule gauche, la main droite, tout en agissant sur la rêne droite, fait ranger les hanches au moyen de la cravache.

Dans la *rotation* de gauche à droite, la main gauche maintient l'épaule en place, et force le cheval à pivoter sur le membre antérieur gauche ; dans le mouvement d'*appuyer* à droite, elle imprime la direction à l'avant-main. Dans l'un et l'autre cas, elle régularise l'effet produit par la main droite et entretient la mobilité de la mâchoire.

Quant à la main droite, elle produira un *effet diagonal* ; car, en même temps qu'elle stimulera le bipède diagonal droit au moyen de la cravache, elle fera une opposition sur la rêne droite de la bride dans la direction du jarret gauche.

Il est inutile d'ajouter que, dans le mouvement de droite à gauche, on emploiera les moyens inverses.

La préparation à *la pirouette sur les hanches,* n'offrant qu'un intérêt tout à fait secondaire, nous n'en parlerons ici que pour mémoire. Le cavalier ayant placé son cheval sur la piste (à l'une ou à l'autre main), lui attire l'avant-main vers l'intérieur du manége, et *fixe* en même temps sa croupe par de petits attouchements de cravache pratiqués sur le flanc du côté vers lequel cheminent les épaules. Le cheval arrivant dans une position perpendiculaire au mur, le cavalier change les rênes de main, et achève la pirouette, en agissant de la cravache sur l'autre flanc, pour continuer de contenir la croupe, pendant qu'il ramène l'avant-main sur la piste. Pendant ce mouvement, qui devra être exécuté très-lentement dans le principe, les épaules du cheval devront décrire un demi-cercle autour des hanches maintenues en place.

Ainsi que nous l'avons dit précédemment, on peut employer la cravache pour préparer le cheval au *rassembler, s'il est suffisamment ramené et assoupli.* Il suffira, en effet, d'accélérer progressivement la marche des membres postérieurs, tout en opposant délicatement la main qui tient les rênes de la bride, et de provoquer peu à peu la cadence, en touchant le sommet de la croupe, alternativement à droite et à gauche, au moment précis où le membre postérieur du même côté arrive au *poser*. *Préparer le rassembler.*

Ce travail, ainsi que le *rassembler* lui-même, exige infiniment de tact et ne doit être pratiqué que par des cavaliers exceptionnels (Voir p. 37).

§ 2. — Flexions de mâchoire et d'encolure [1].

Pour commencer le travail des flexions, les chevaux sont placés de nouveau sur la ligne du milieu, à trois mètres l'un de l'autre.

Le premier mouvement du cheval, lorsqu'on cherche à lui desserrer les mâchoires, étant de lever

[1] Voir l'Introduction, p. 37.

la tête pour se soustraire à l'action du mors, il importe de détruire cette résistance de l'encolure avant de s'adresser à celle que pourra offrir la mâchoire, conformément au principe qui consiste à *ne jamais combattre deux forces à la fois*. Il faut donc faire quelques flexions d'*affaissement* avant d'entreprendre l'assouplissement proprement dit des mâchoires et de l'encolure.

Flexion
préparatoire
d'affaissement
Pl. III,
(*fig.* 1 et 2.

Les rênes étant sur l'encolure, le cavalier se place en face du cheval, les talons sur la même ligne et éloignés à trente-trois centimètres l'un de l'autre; il prend une rêne de bride de chaque main, la saisissant près de l'anneau du mors; puis, en opérant une pression de haut en bas, *proportionnée à la résistance de l'animal*, il fait en sorte de lui amener peu à peu le bout du nez jusqu'à terre. Dans les commencements, il se contentera de peu de chose, et récompensera la moindre marque de soumission de la part du cheval. La traction des poignets devra se produire sur la *nuque*, de manière à empêcher le mors de bride d'agir sur les barres, ce qui pourrait augmenter les résistances et provoquer même de sérieuses défenses.

L'action des mains sera progressive, afin de ne pas surprendre péniblement l'animal. Dès qu'il aura entièrement cédé, on cessera toute traction; on lui replacera la tête, et on recommencera un instant après. On arrivera ainsi, en fort peu de temps, à l'habituer à céder à la moindre pression de haut en bas; ce

Pl. III. p. 8o

1

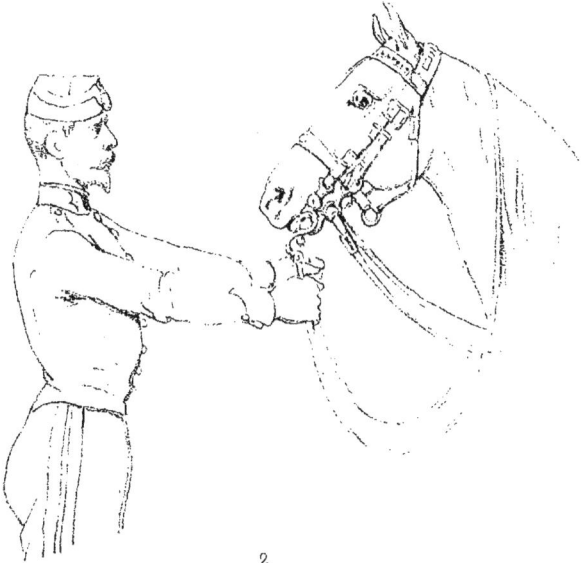

2

Flexion préparatoire

d'affaissement

sera l'instant de cesser la flexion. Dans la position d'affaissement, tous les muscles de l'encolure devront être relâchés, et l'animal manifestera l'absence de toute contraction en *goûtant* son mors.

Après chaque flexion, le cavalier ramènera la tête du cheval dans sa position primitive, en ayant soin de s'opposer à tout déplacement brusque.

Cette flexion n'ayant pour but que de combattre les résistances de bas en haut de l'encolure et *non de modifier la direction de celle-ci*, l'instructeur devra s'assurer par lui-même des chevaux qui peuvent s'en passer, afin de n'y point soumettre ceux qui n'en auraient pas besoin [1]. Il importe aussi de la cesser dès que le cheval a compris.

Quant aux chevaux qui résistent à la traction de haut en bas, et à ceux qui, dans la flexion suivante (première flexion fondamentale), cherchent à se soustraire à la pression du mors, en élevant la tête pour forcer la main, on leur appliquera la *flexion d'affaissement* jusqu'à ce que la résistance ait disparu; quitte à leur relever l'encolure plus tard, s'il y a lieu, par des flexions de ramener pratiquées en soutenant les mains autant que possible et, le cheval étant monté, par des *demi-temps d'arrêt* produits par la main de la bride et secondés de pressions de jambes, ainsi qu'on le verra plus loin.

[1] Voir p. 72.

6

Il arrive parfois, après l'entier affaissement de l'encolure, que les mâchoires restent serrées, ce qui annonce encore une certaine contraction musculaire : en contournant moelleusement le mors, et lui faisant toucher alternativement l'une et l'autre barre, tout en maintenant l'encolure affaissée, on arrivera facilement à détruire cette contraction et à provoquer la mobilité de la mâchoire.

1re flexion
fondamentale
(latérale
de la mâchoire
et de
l'encolure).
Pl. IV,
fig. 1 et 2.

Ce sera le moment de commencer *la première flexion proprement dite*. Pour l'exécuter, le cavalier se placera un peu en avant de l'épaule gauche du cheval, lui faisant face ; il saisira la rêne droite de la bride avec la main droite, à 16 centimètres de la branche du mors, et la rêne gauche avec la main gauche, un peu plus près. Après avoir produit un léger *affaissement* au moyen de la rêne gauche, pour s'assurer que l'encolure ne présente aucune résistance de bas en haut, le cavalier contournera légèrement le mors dans la bouche du cheval, en ramenant la main droite vers soi et un peu en avant, la main gauche restant basse, afin d'offrir un point d'appui à l'action de la main droite, et de s'opposer à toute élévation de la tête et de l'encolure. Le mors ne devra occasionner qu'une légère *gêne* sur les barres, et l'animal reconnaîtra bientôt que c'est lui qui agit en s'appuyant contre la main, et il ne persistera pas plus à se contracter pour résister, « qu'il persisterait à se heurter

Pl. IV. p.82

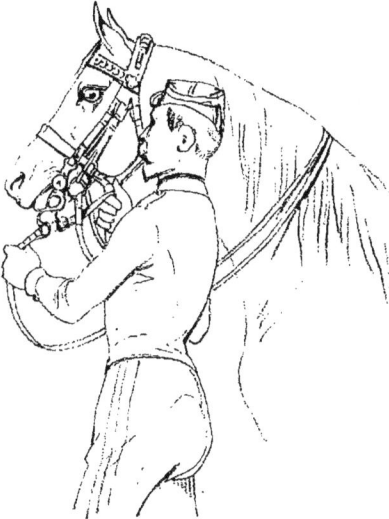

Imp Lemercier,Paris

1ᵉʳᵉ Flexion fondamentale

(latérale de la mâchoire et de l'encolure.)

contre un obstacle qu'il aurait reconnu impossible à franchir. » Dès que le cheval cédera à la pression produite par le mors, en desserrant la mâchoire et en affaissant un peu la nuque, le cavalier s'empressera de rendre la main pour le récompenser ; il recommencera la flexion immédiatement après, et à mesure qu'il obtiendra plus de soumission, il augmentera ses exigences et amènera progressivement la tête du cheval jusque vis-à-vis de la pointe de l'épaule droite [1].

Avant d'arriver à la position extrême de la flexion, l'animal aura dû céder à tous les degrés intermédiaires ; cette flexion sera complète, lorsque la tête se soutiendra d'elle-même dans la position voulue ; dans ce cas, l'absence de toute contraction musculaire se manifestera par la mobilité de la mâchoire.

Mais il ne suffit pas que le cheval mâche son mors, pour que la mobilité de la mâchoire soit parfaite : il faut encore *qu'il le lâche*, et, à cet effet, on devra entendre un certain bruit métallique produit par le contact des mors de bride et de filet, qui indiquera la disparition de toute roideur.

Il faut se garder de confondre ce bruit avec celui qu'on désigne communément par : *casser la noisette*. Celui-là n'est qu'un *bégaiement* qui n'est précédé, le plus souvent, que d'une demi-ouverture des mâchoires et prouve au contraire l'existence de contractions qui

[1] Une demi-flexion d'encolure suffira pour le cheval de troupe.

6.

nuisent à la légèreté. On arrive à les combattre en se servant, dans la flexion de mâchoire *à droite* (au lieu de la rêne gauche de la bride), de la rêne gauche du filet *agissant un peu sur la commissure des lèvres*, concurremment avec la rêne droite de la bride. On fera l'inverse dans la flexion *à gauche*.

On pourra aussi faire usage d'une flexion complémentaire du filet, indiquée p. 90, *Pl.* VIII, *fig.* 1 et 2.

Lorsque le cavalier aura pu constater l'entière soumission du cheval, il lui ramènera progressivement la tête dans la position normale, en ayant toujours l'attention de l'empêcher de se déplacer d'elle-même.

Si, pendant la flexion, le cheval cherche à se soustraire à l'effet produit par les mains, en élevant la tête, on aura soin de cesser toute action de la main droite, et l'on opposera, avec la main gauche, *une force égale* à la résistance présentée de bas en haut par l'encolure [1]. Dès que ces deux forces se seront détruites, ce qui s'annoncera par le relâchement général de tous les muscles de l'encolure, la main droite recommencera son action sur les barres.

Le cheval peut encore chercher à se soustraire à la flexion, par l'*acculement* [2]; dans ce cas, le cavalier,

[1] L'opposition de la main gauche devra se traduire par *une pression sur la nuque* du cheval, et non par une action sur les barres, ce qui augmenterait la résistance.

[2] Voir p. 35.

1

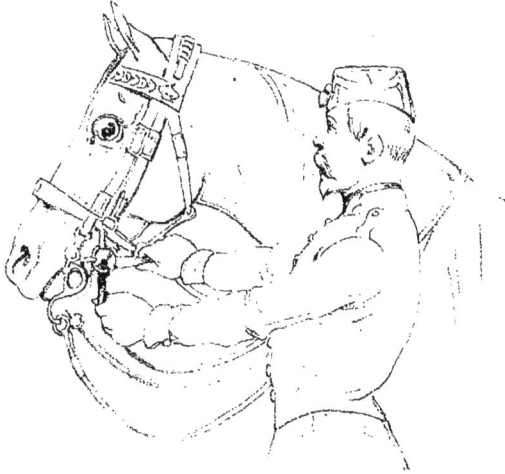

2

2 ͤ flexion fondamentale

(affaissement de l'encolure.)

M.Gerhardt, Manuel d'équitation

en résistant de la main gauche, le ramène vers soi avec la cravache, comme il a été démontré précédemment, p. 70.

Il est indispensable que l'aplomb du cheval ne soit jamais altéré en quoi que ce soit par les attitudes particulières données à la tête et à l'encolure, celles-ci devant toujours être indépendantes de la position du corps.

La *flexion à gauche* s'exécutera suivant les mêmes principes et par les moyens inverses.

On passera alternativement de droite à gauche, et de gauche à droite; mais on exercera davantage le côté qui présentera le moins de souplesse.

Cette flexion et les trois suivantes seront renouvelées chaque jour jusqu'à parfaite souplesse; on se contentera de peu de chose dans le principe, et l'on passera immédiatement à la flexion suivante.

La *deuxième flexion* peut être substituée à la *flexion préparatoire,* si celle-ci, qui n'agit que sur le haut de la tête au moyen d'un moteur peu puissant, n'amenait pas assez promptement le cheval à affaisser son encolure. Telle qu'elle est placée ici, elle préparera l'animal à la flexion proprement dite du *ramener* (flexion directe de la mâchoire), qui est la troisième. Pour l'exécuter, le cavalier se placera à gauche près de l'encolure, comme pour la première flexion, et saisira la rêne gauche du filet avec la main droite,

2ᵉ flexion fondamentale (affaissement de l'encolure). *Pl.* V, *fig.* 1 et 2.

et la rêne droite avec la main gauche, à cinq centimètres des anneaux. Après avoir croisé les rênes sous
la barbe du cheval, il exercera une pression insensible d'abord, en séparant peu à peu les poignets
l'un de l'autre; il augmentera progressivement l'intensité de cette traction, jusqu'à ce que le cheval,
pour s'y soustraire, affaisse l'encolure et desserre
les mâchoires; alors, pour le récompenser, le cavalier cessera toute action, en laissant glisser les rênes
dans les deux mains. Il n'est pas indispensable de
répéter cette flexion en se plaçant à droite.

3ᵉ flexion
fondamentale
(directe
de
la mâchoire;
ramener).
Pl. VI,
fig. 1 et 2.

Pour pratiquer *la troisième flexion fondamentale*, le
cavalier se placera comme pour les deux précédentes;
il saisira la rêne gauche du filet à seize centimètres
de l'anneau avec la main gauche, et la rêne gauche
de la bride, à une égale distance avec la main droite.

Après s'être assuré, comme pour la première
flexion, que l'encolure n'offre aucune résistance de
bas en haut, il fixera la main gauche de manière à
offrir un point d'appui à l'action de la main droite
qui, agissant graduellement d'avant en arrière, dans
la direction de l'épaule gauche et en s'élevant un peu,
fera desserrer les mâchoires du cheval. La pression
du mors sur les barres les ayant fait céder, et la tête
ne tombant plus que par son propre poids, le cavalier rendra immédiatement, pour récompenser le
cheval.

1

2

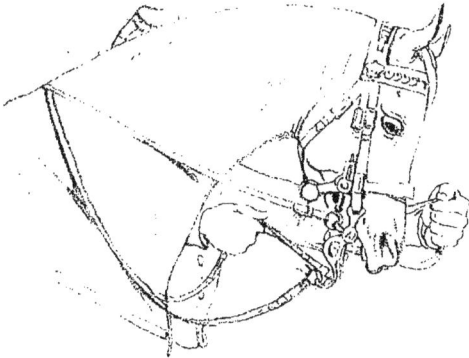

Imp. Lemercier, Paris

3ᵉ flexion fondamentale
(directe de la machoire)

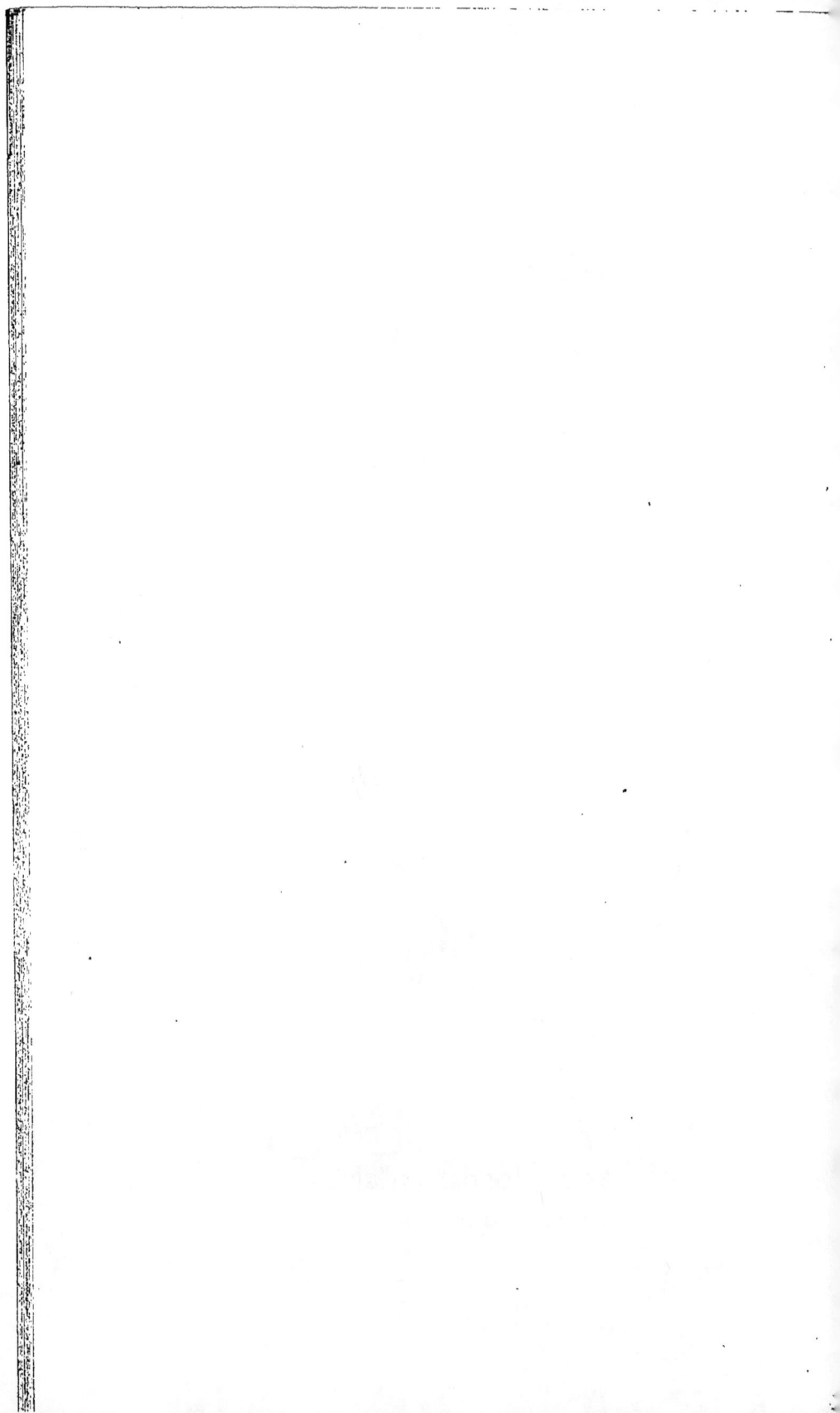

Dans les commencements cette flexion devra être
faite *un peu basse*, afin d'éviter que les contractions de
l'encolure ne viennent prêter leur appui aux résistances de la mâchoire; à mesure que l'animal s'as-
souplira, on soutiendra peu à peu les mains, de manière à faire prendre à la tête et à l'encolure un
ramener plus élevé.

La *quatrième flexion fondamentale* se fait avec les
rênes du filet : le cavalier se place comme pour les
trois autres flexions, et saisit la rêne droite (après
l'avoir fait passer par-dessus l'encolure, un peu en
avant du garrot) avec la main droite, et la rêne gauche à seize centimètres de l'anneau avec la main
gauche. Après s'être assuré que *ses deux mains sont en
rapport avec la bouche du cheval*, le cavalier, prenant
l'encolure pour point d'appui , opère sur la rêne
droite une traction progressive de haut en bas, de
manière à attirer la tête droite; en même temps il
résiste légèrement de la rêne gauche, *tout en suivant
le déplacement de la tête*, afin d'obliger celle-ci à rester
constamment dans une direction verticale et d'empêcher le cheval de se soustraire par la croupe à l'action déterminante de la rêne droite. Dès que celui-ci
prouve sa soumission en inclinant légèrement la
tête et l'encolure à droite, le cavalier laisse glisser
les rênes dans les deux mains, pour le récompenser;
il reprend la flexion un instant après, en deman-

4ᵉ flexion
fondamentale
(latérale
de
l'encolure).
Pl. VII,
fig. 1 et 2.

dant toujours un peu plus d'inclinaison ; enfin cette
flexion est complète lorsque la tête est arrivée vis-
à-vis de l'épaule droite, sans être sortie du plan ver-
tical. Le bout du nez s'est seulement rapproché un
peu de la pointe de l'épaule.

Dans cette position, le cavalier, avant de rendre,
attendra l'entier relâchement des muscles de l'encolure, résultat qui se manifestera, comme dans les
flexions précédentes, par la mobilité de la mâchoire
précédée d'un léger affaissement de l'encolure.

Cette flexion, comme la première et la troisième,
se fera alternativement de deux côtés ; mais on aura
soin de se contenter d'*un commencement* de soumission, une encolure trop flexible étant un défaut grave
chez le cheval *de troupe* [1].

Cette observation n'est point applicable aux chevaux destinés
à subir un dressage plus complet ; ceux-ci devront être soumis
avec le plus grand soin aux flexions latérales, aussi bien qu'à
celles du ramener ; toutefois il faudra se rappeler qu'une
grande souplesse d'encolure réclame forcément une mobilité
relative dans l'arrière-main, pour établir et entretenir une harmonie parfaite entre les différentes forces du cheval.

Dans toute espèce de flexion, il est indispensable
d'empêcher le cheval de *revenir de lui-même* à la posi-

[1] On se contentera, pour le cheval de troupe, d'amener la tête dans
la direction du quart d'à-droite ; cela suffira pour préparer l'encolure à
céder aux actions latérales du filet.

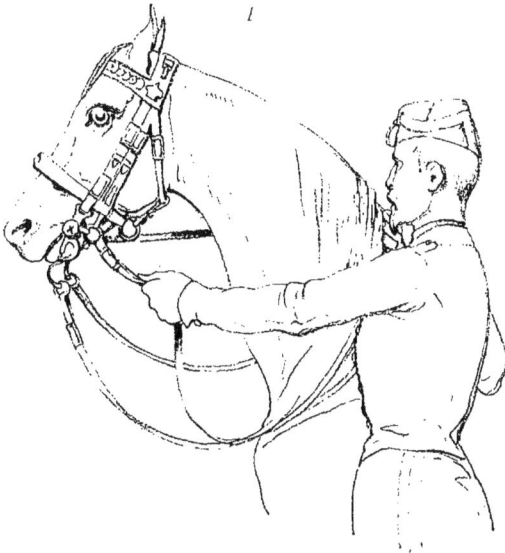

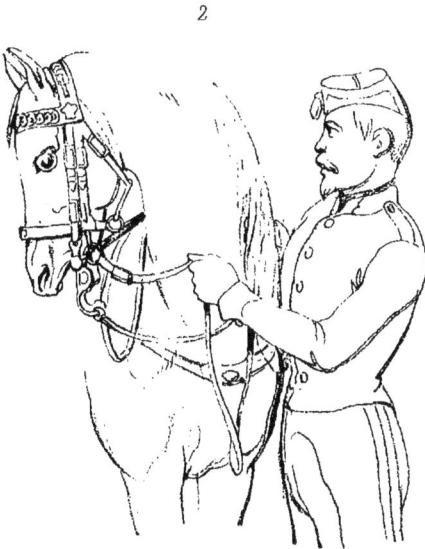

Pl VII . p 88.

1

2

4ᵉ flexion fondamentale
(latérale de l'encolure.)

tion primitive; les mains, après avoir produit leur effet, devront donc rester *fixes* en attendant la cession. Il arrivera un moment où le cavalier ne sentira plus du tout l'appui du mors; il devra saisir cet instant pour ramener la tête dans sa position normale, et récompenser le cheval par une caresse. Néanmoins, lorsque l'animal a bien cédé, on peut parfois lui rendre spontanément sans inconvénient; c'est même un moyen de s'assurer si le relâchement des muscles est complet; car, *en rendant tout*, la tête et l'encolure devront rester un instant en place, avant de revenir à la position primitive; dans le cas contraire, la flexion aurait été incomplète, et il faudrait la recommencer.

Les quatre flexions qui viennent d'être expliquées sont les seules vraiment indispensables. Toutes les autres, qui sont pratiquées et enseignées aujourd'hui, n'en sont que des variantes; elles nécessitent, de plus, un tact que tous les cavaliers ne possèdent pas également : aussi les supprimons-nous tout à fait du dressage des chevaux de remonte; nous n'en parlerons ici que pour mémoire.

Lorsque le cheval a cédé convenablement aux flexions fondamentales, on complète le *ramener* au moyen d'une flexion de filet, qui se pratique de la manière suivante : le cavalier saisit les rênes, comme il est prescrit pour la quatrième flexion (p. 87), avec cette différence qu'il appuie la rêne droite sur *le milieu* de l'encolure; puis, au lieu d'attirer la tête à droite, il fait en sorte de la

Flexions complémentaires.

ramener directement, en opérant une égale traction sur les deux rênes; la main gauche sera soutenue et s'opposera au déplacement de gauche à droite.

Cette flexion pourra être exécutée avec les rênes de la bride, et servira beaucoup à relever la tête du cheval disposé à *s'enterrer*.

La quatrième flexion (latérale de l'encolure), qui se fait avec les rênes du filet, peut être aussi répétée avec celles de la bride. Dans le principe, si le cheval montre de l'hésitation, on peut joindre à la rêne de bride, qui est appuyée sur l'encolure, la rêne de filet du même côté, de manière que ces deux rênes agissent en même temps; peu à peu on arrivera à ne se servir que de la rêne de bride seule.

Enfin, s'il se présente des chevaux qui desserrent difficilement les mâchoires, nous recommandons à nos lecteurs une flexion qui nous a toujours donné d'excellents résultats : on se place à gauche, on passe la rêne droite du filet par-dessus la nuque du cheval, et on la saisit avec la main droite tout près de son point d'appui, la main gauche saisissant la rêne gauche près de l'anneau. Lorsqu'on voudra faire ouvrir la bouche du cheval, on rapprochera les deux poignets l'un de l'autre, en élevant légèrement le gauche et en tirant sur la rêne droite, faisant basculer la main droite sur la troisième phalange du petit doigt, de manière à éloigner le haut de la main. La pression plus ou moins forte du mors du filet sur la commissure des lèvres, résultant de cette traction, ne tardera pas à décider l'animal à desserrer les mâchoires et à fléchir l'encolure à la nuque. Ce sera le moment de *rendre* pour le récompenser (*Pl.* VIII, *fig.* 1 et 2).

En recommençant quelquefois cette flexion, on arrivera à donner une certaine souplesse aux muscles de la mâchoire, qui offriront dans la suite beaucoup moins de résistance.

Le travail de toutes les séances commencera par les

1

2

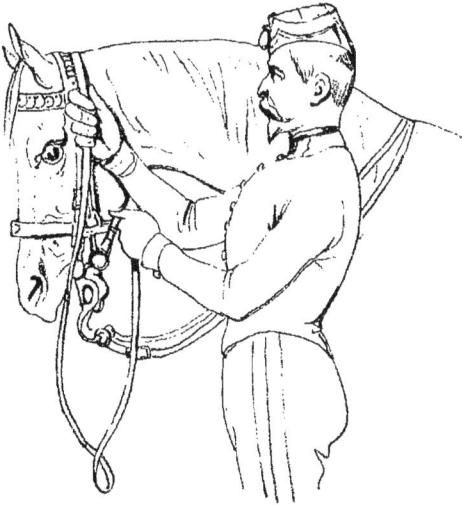

Flexion complémentaire

(assouplissement de la mâchoire)

flexions de pied ferme; on en diminuera la durée à mesure que les chevaux s'assoupliront [1].

L'instructeur et les sous-instructeurs ne négligeront rien pour se faire comprendre des cavaliers, et pour leur rendre le travail attrayant.

Les trois ou quatre premières séances seront entièrement consacrées au travail préparatoire de la cravache et aux flexions de pied ferme, afin que les cavaliers en saisissent bien le mécanisme.

Pendant les premiers jours, dans l'intérêt de la santé des chevaux, on pourra les faire promener en bridon, et en main autant que possible.

Avant de commencer les flexions à cheval, l'instructeur donnera *la leçon du montoir* avec le plus grand soin, et la répétera jusqu'à parfaite docilité; les chevaux seront montés successivement en sa présence; un homme à pied, adjoint à chaque cavalier, se placera à la tête du cheval, mais ne le tiendra qu'autant qu'il fera des difficultés pour se laisser monter. Il lui parlera, le caressera et fera en sorte de lui inspirer de la confiance. Le cavalier s'approchera alors du cheval, sans brusquerie, mais aussi sans hésitation; il se placera en face de l'épaule gauche et ajustera les rênes dans la main gauche, de manière qu'en saisis-

Leçon du montoir.

---

[1] Pour les chevaux de troupe, on supprimera le travail des flexions dès qu'on sera parvenu à fixer la tête dans la position du *ramener*.

sant avec cette main (qui tient aussi la cravache) une
poignée de crins sur le milieu de l'encolure, il sente
légèrement l'appui du mors ; il fera ensuite un demi-
à-droite, et engagera le pied gauche dans l'étrier, en
s'aidant de la main droite.

Si l'animal est bien calme, le cavalier s'enlèvera
sur l'étrier, appuiera sa main droite sur le trousse-
quin, et restera un instant dans cette position ; puis
il reviendra doucement à terre, à sa première position, pour caresser son cheval ; si celui-ci ne se tour-
mente pas, il pourra aussi le caresser en restant sur
l'étrier ; ensuite il passera la jambe sans brusquerie,
évitant de toucher la croupe, et se mettra en selle le
plus légèrement possible, après avoir porté la main
droite sur le pommeau. Arrivé en selle, le cavalier caressera de nouveau son cheval, pour ranimer sa confiance, s'il avait manifesté de l'inquiétude, et lorsqu'il
l'aura calmé, il mettra pied à terre en suivant la
même gradation : il passera d'abord la jambe, se
tiendra un instant sur l'étrier, caressera le cheval et
se remettra en selle; il recommencera plusieurs fois,
puis, enfin, arrivera légèrement à terre. En répétant
ce travail deux ou trois fois par séance, on aura des
chevaux parfaitement sages au montoir au bout de
peu de jours; on se passera alors tout à fait du secours du cavalier auxiliaire pour ce travail.

L'instructeur doit veiller avec soin à ce que les

cavaliers n'aient pas *les rênes trop courtes*, ce qui ferait *acculer* l'animal au moment de l'enlever sur l'étrier, et provoquerait des défenses.

Les chevaux étant tout à fait calmes, on pourra faire monter les cavaliers d'après les principes de l'ordonnance.

On mettra immédiatement le caveçon [1] aux chevaux *difficiles* [2]. L'instructeur lui-même (ou un sous-instructeur intelligent) tiendra la longe à seize centimètres de l'anneau, et réprimera toute *velléité* de défense, toute impatience, par un petit coup sec donné d'une main ferme; il résistera à chaque mouvement rétrograde par un soutien énergique; s'il s'aperçoit que le cheval cherche à s'enlever sur les jarrets, *il lui refusera soigneusement le point d'appui, en rendant spontanément de la main gauche, après avoir aban- donné la longe de la main droite.*

On pourra calmer le cheval qui résiste par excès d'ardeur, en lui faisant faire quelques tours à la longe au trot ou au galop.

S'il importe de réprimer promptement toute déso-béissance, il n'est pas moins indispensable de savoir

[1] Voir l'Introduction, p. 30, *Des aides supplémentaires.*

[2] Lorsque le travail préparatoire de la cravache, et surtout celui des flexions de mâchoire, *ont été bien faits,* le caveçon devient un instru-ment tout à fait superflu, tous les chevaux se laissant alors monter sans difficulté.

récompenser à point chaque marque de docilité, en cessant toute contrainte et en caressant l'animal du geste et de la voix.

L'instructeur qui est forcé de recourir au caveçon, pour donner la leçon du montoir, aura soin de faire apporter quelques poignées d'avoine, qu'il donnera au cheval à chaque preuve de soumission de sa part.

Lorsqu'on aura obtenu une certaine flexibilité de la mâchoire et de l'encolure (ce dont l'instructeur s'assurera en vérifiant lui-même les flexions), et du calme au montoir, on commencera le travail en place, le cavalier étant à cheval. Le cavalier auxiliaire ne servira qu'à maintenir le cheval immobile, dans le cas où il chercherait à se soustraire aux aides de celui qui est en selle. S'il faisait trop de difficultés pour rester en place, le cavalier auxiliaire se mettrait en selle, sans tenir les rênes, et l'autre, à pied, répéterait les flexions fondamentales jusqu'à parfaite tranquillité.

1re flexion à cheval (latérale de l'encolure). Pl. IX. fig. 1 et 2.

Enfin, lorsque le cheval est bien sage et se tient immobile, le cavalier commence la deuxième série des assouplissements, ainsi qu'il suit : après avoir abandonné les rênes de bride en les laissant tomber sur l'encolure, il saisit une rêne de filet de chaque main (comme le bridon), les doigts bien fermés, les rênes sortant du côté du pouce; puis, ayant assuré sa position en fixant les genoux, il amène progressive-

Pl. IX. p. 94

1

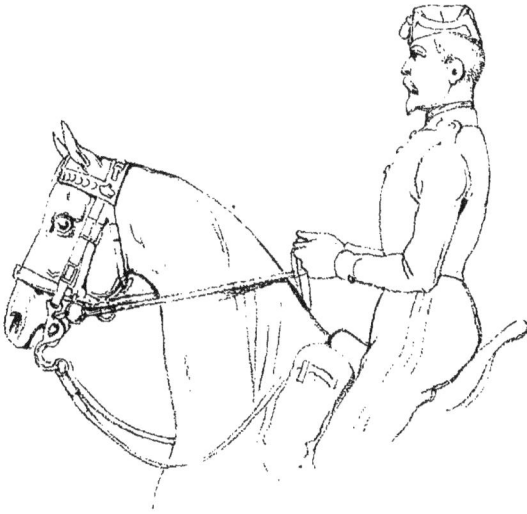

2

1ère flexion à cheval.

(latérale de l'encolure)

ment la tête du cheval à droite, par une traction
graduée sur la rêne droite; il oppose en même temps
la rêne gauche, tout en suivant le déplacement de la
tête, de manière à régulariser l'action de la rêne
droite et à empêcher autant que possible la tête de
sortir de la position verticale; il se conformera d'ailleurs exactement à ce qui a été prescrit pour la quatrième flexion à pied (p. 87), dont celle-ci n'est que
la répétition [1].

Ainsi que pour cette quatrième flexion, le cavalier
se contentera de peu dans le principe; à mesure que
le cheval cédera, il augmentera ses exigences, jusqu'à ce qu'enfin la tête arrive vis-à-vis de l'épaule
droite.

De même que dans les flexions à pied, le mouvement de la tête et de l'encolure devant être tout à fait
indépendant de l'aplomb du corps, le cavalier cessera
toute traction dès qu'il sentira le corps du cheval sortir de sa position d'équilibre. Pour prévenir le déplacement de la croupe, il tiendra les jambes près, sans
toutefois *contraindre le cheval par une pression*, ce qui
ne manquerait pas de produire du désordre.

Cette flexion sera répétée à gauche, suivant les
mêmes principes et par les moyens inverses.

[1] De même que pour la quatrième flexion à pied, on se contentera
d'un quart de flexion pour le cheval *de troupe*.

Lorsque le cheval répondra avec facilité à cette flexion, on la répétera avec les rênes de la bride, ainsi qu'on l'a pratiqué à pied (p. 90).

2ᵉ flexion à cheval (directe de la mâchoire et de l'encolure; ramener). Pl. X, fig. 1 et 2.

Après avoir fait successivement une flexion latérale à droite et à gauche [1], au moyen du filet, le cavalier saisira ces rênes avec la main gauche, *comme il est prescrit pour la position de la main de la bride;* puis, les ayant ajustées de manière à sentir l'appui du mors, il assurera le corps et fixera les genoux; il placera ensuite la main droite *de champ* sur les rênes, en avant de la main gauche, qui s'élèvera un peu en se portant en avant. En soutenant cette dernière, le cavalier produira sur les rênes, avec la main droite, une pression graduée de haut en bas et d'*avant en arrière*, qui aura pour résultat de ramener la tête de l'animal en faisant céder la mâchoire et l'encolure.

Dans cette flexion, comme dans la précédente, le cavalier devra s'attacher à conserver l'aplomb de son cheval en n'agissant que sur la tête et sur l'encolure. Il est bien entendu qu'à la moindre marque de soumission il aura soin de *rendre un peu la main*, pour récompenser le cheval; à cet effet il cédera légèrement de la main droite, et reprendra la flexion un instant après; peu à peu il exigera davantage, et si

[1] Un quart de flexion pour les chevaux de troupe.

Pl. X. p. 96.

1

2

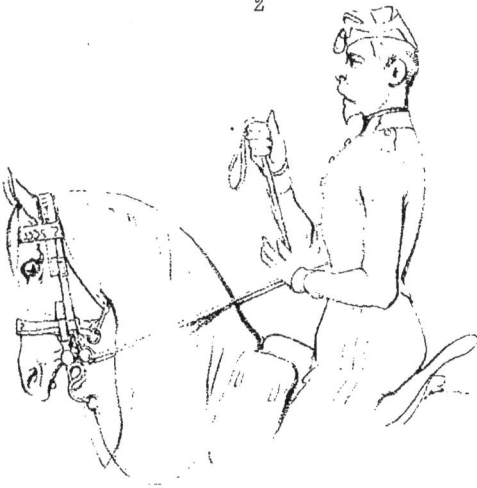

Imp Lemercier Paris.

2.ᵉ flexion à cheval

(directe de la mâchoire et de l'encolure)

le cheval se laisse ramener sans résistance, il lui fera quelquefois *des remises de main,* c'est-à-dire, qu'il enlèvera tout à fait la main droite, pour le récompenser d'avoir bien fait. Enfin, lorsque la légèreté et la souplesse ne laisseront plus rien à désirer, que la tête se placera dans une direction VERTICALE [1] à la moindre tension des rênes, et que les mâchoires s'ouvriront si cette tension continue, le cavalier fera suivre chaque flexion de ramener, d'une *descente de main* complète, qui consiste à abandonner entièrement les rênes, en les laissant tomber sur l'encolure, et à relâcher les jambes.

On comprend, si l'animal se laisse facilement ramener avec le filet, combien il répondra avec justesse, lorsqu'on répètera ces mêmes flexions avec la bride seulement, le mors de celle-ci étant un moteur bien plus puissant que celui du filet. Cette flexion du ramener avec la bride suivra immédiatement la précédente.

Ce serait ici le moment de parler de l'*effet d'ensemble;* mais comme il faut que le cheval soit déjà suffisamment ramené pour y répondre facilement, nous avons mis ce travail à la fin de la leçon, afin de ne pas tenir les chevaux trop longtemps en place.

Il ne faut pas perdre de vue, que cette Progression est principalement destinée au dressage des jeunes chevaux de *troupe;* le cavalier amateur, qui possède une certaine habitude du cheval, pourra mettre moins de temps au travail exclusivement de pied ferme.

[1] Nous tenons essentiellement à la position *verticale* de la tête et à une encolure *soutenue.* Nous considérons comme défectueuse toute disposition de la tête s'écartant de cette ligne, *surtout en dedans.*

7

§ 3. — Marcher au pas et changer de main.

Après avoir consacré cinq ou six séances au travail de pied ferme, tous les chevaux auront un commencement de ramener, qui permettra de les faire marcher sans que la tête sorte de cette position. On terminera donc chaque reprise par quelques tours sur la piste à l'une et à l'autre main.

A l'avertissement de l'instructeur, les cavaliers se porteront droit devant eux, en se servant de la cravache à l'épaule si le cheval résistait à la pression des jambes; ils prendront la piste à main droite, se servant de la rêne du filet pour disposer les chevaux à tourner; ils prendront deux mètres de distance, et éviteront de rechercher leurs chevaux, ne s'attachant qu'à maintenir la tête dans une bonne position. Dans les commencements, ils tiendront les rênes de filet croisées dans la main droite, par-dessus celles de la bride.

Lorsque les chevaux seront confirmés dans le ramener, l'instructeur fera prendre les rênes de filet dans les deux mains (la rêne droite dans la main droite, et la rêne gauche dans le premier doigt de la main de la bride), en recommandant aux cavaliers d'ajuster la *rêne gauche* de manière qu'elle puisse constamment produire *des effets distincts de celles de la*

Pl. XI. p. 98

1

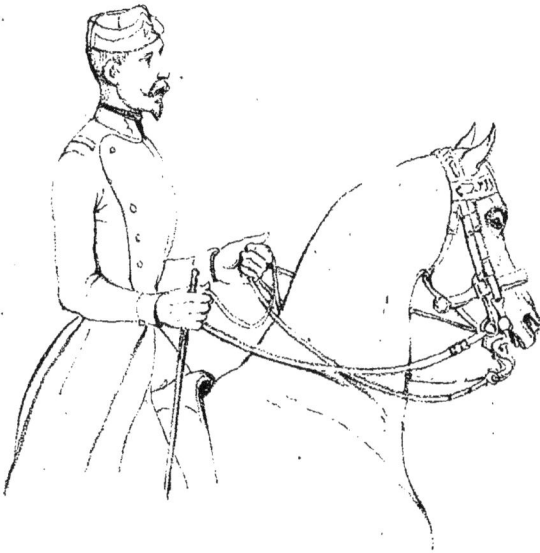

2

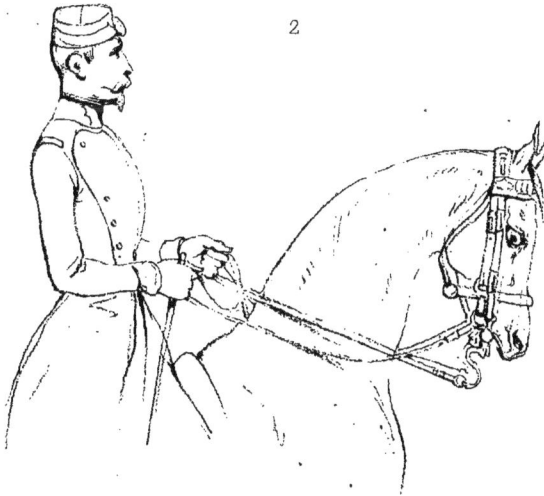

1. *Action latérale des rênes du filet.*
2. *Action directe des rênes de la bride.*

M. Gerhardt, Manuel d'équitation

bride tenues dans la même main : lorsqu'ils voudront se servir de la rêne du filet, ils renverseront un peu le poignet en rapprochant le pouce du corps (*Pl.* XI, *fig.* 1) ; ils rapprocheront au contraire le petit doigt, *en élevant légèrement le poignet,* lorsque la bride seule devra agir (*Pl.* XI, *fig.* 2). Dans l'un et l'autre cas, il importe que les rênes du filet soient toujours conservées égales [1].

Ayant fait faire quelques tours à main droite, l'instructeur fait *changer de main* diagonalement, après avoir prévenu les cavaliers de sentir un peu *la rêne et la jambe du dedans* avant de quitter la piste, afin de permettre au cheval de tourner carrément, l'épaule du dehors ayant un plus grand arc de cercle à parcourir que celle du dedans ; le cavalier ouvre ensuite franchement la rêne droite du filet, en portant la main de la bride du même côté, et ferme les deux jambes, celle du dehors plus en arrière pour contenir les hanches.

Changement de main.

« La fonction des poignets, dans les changements de direction, est trop simple pour qu'il soit nécessaire d'en parler ici. Je ferai remarquer seulement qu'on doit toujours prévenir les résistances du cheval, en disposant ses forces de manière que toutes concourent à le placer dans le sens du mouvement. On dé-

[1] La cravache tenue dans la main droite, le petit bout en bas.

7.

terminera donc l'inclinaison de la tête avec la rêne du filet du côté vers lequel on veut tourner, *puis la bride achèvera le mouvement.* Règle générale : il faut toujours combattre les résistances *latérales* de l'enco-lure avec l'aide du bridon, en ayant bien soin de ne commencer la conversion *qu'après avoir détruit l'obsta-cle qui s'y opposait* » [1].

L'instructeur porte une attention toute particulière à la manière dont le cavalier tient ses rênes ; il s'at-tache à lui donner, de bonne heure, l'habitude de tenir celles du filet séparées dans les deux mains, sans que les rênes de la bride cessent d'être ajustées. Les rênes du filet jouant un grand rôle dans les op-positions à faire aux résistances de l'arrière-main, il est indispensable de pouvoir s'en servir isolément, afin que leur action reste toujours indépendante de celle des rênes de la bride.

L'instructeur recommandera aussi de toujours *chasser le cheval dans la main*, avec les jambes, afin qu'il prenne franchement son appui, sans que cette main soit obligée de se porter en arrière pour le chercher. Les rênes ne devront donc jamais être flot-tantes.

Dès que les chevaux sont calmes au montoir et pendant le travail des flexions à cheval, les cavaliers

---

[1] OEuvres complètes de F. Baucher, p. 149.

auxiliaires deviennent superflus. Toutefois, s'ils sont
attachés au service de la remonte, l'instructeur fera
bien de les faire assister aux reprises, afin qu'ils pro-
fitent autant que possible des leçons données à leurs
camarades.

A mesure que le ramener se perfectionnera, on
diminuera la durée du travail des flexions de pied
ferme ; on continuera seulement, s'il en est besoin,
les flexions *directes* de la mâchoire et de l'encolure, en
relevant cette dernière le plus possible ; quant aux
flexions *latérales*, ainsi qu'on l'a déjà dit, on en sera
très-sobre. Cette recommandation ne concerne naturellement que les chevaux de troupe [1].

§ 4. — Pirouettes sur les épaules et sur les hanches [2].

Après avoir successivement soumis le cheval aux
flexions de la mâchoire et de l'encolure, ce qui lui
aura donné une certaine souplesse dans l'avant-main,
il faudra mobiliser l'arrière-main, afin d'établir un

[1] Si les chevaux de troupe étaient dressés par les cavaliers *destinés à les monter dans la suite*, on pourrait, sans danger, leur assouplir l'encolure, quitte à leur mobiliser proportionnellement l'arrière-main ; mais ces che-vaux, versés dans les escadrons, sont montés ensuite par des cavaliers qui ont la main d'autant plus dure, qu'ils ne se servent nullement des jambes. On comprend, dès lors, l'inconvénient qu'il y aurait à donner trop de souplesse à l'encolure.

[2] Voir l'Introduction, p. 44.

rapport parfait entre les forces de ces deux parties.
Pendant quelques jours, après avoir exécuté les
flexions à cheval, et avant de mettre les cavaliers en
marche, l'instructeur leur enseignera les pirouettes
de pied ferme, ainsi qu'il suit :

*Pirouette
renversée
(croupe autour
des
épaules).*

La pirouette renversée est un exercice dans lequel
les hanches du cheval doivent décrire un cercle
autour des épaules maintenues en place. Pour faire
fuir ces hanches de droite à gauche, le cavalier,
après avoir ajusté ses rênes de bride et séparé celles
du filet, ainsi qu'il a été expliqué précédemment
(p. 98), glissera la jambe droite en arrière et la fermera progressivement derrière les sangles, en pro-
portionnant son action à l'impressionnabilité de
l'animal ; il opposera en même temps, au moyen de
la rêne droite du filet, une force *équivalente à celle que
provoquera d'arrière en avant l'appui de la jambe droite,*
et soutiendra de la jambe gauche près des sangles,
afin de régulariser l'effet produit par la première,
tout en contribuant à maintenir l'épaule droite en
place ; enfin il sentira légèrement la rêne gauche du
filet, pour être prêt à arrêter le mouvement de rotation concurremment avec la jambe gauche.

Le cheval ayant fait un pas ou deux au plus, le
cavalier l'arrêtera en cessant l'action de la rêne et de
la jambe droites, et en le soutenant de la rêne et de
la jambe opposées ; il continuera ensuite la pirouette,

pas à pas, et l'ayant achevée, il se servira des moyens inverses pour déterminer la croupe à appuyer de gauche à droite.

Dans ce mouvement, il n'est pas indispensable que l'animal pivote sur un de ses membres antérieurs ; dans les commencements surtout, on se contentera de maintenir à peu près les membres antérieurs en place.

Si le cheval n'obéit pas à la pression de la jambe, le cavalier prend la rêne droite du filet entre le pouce et le premier doigt de la main gauche (sans quitter celles de la bride), et le touche avec la cravache en arrière et près de la jambe, faisant en sorte de continuer l'opposition de la rêne du filet [1].

Après avoir fait quelques pirouettes, en s'arrêtant après chaque pas, le cavalier répète ce travail sans arrêter, en ayant toujours soin de soutenir l'action de la rêne et de la jambe déterminantes, au moyen de la rêne et de la jambe opposées, pour la régulariser.

Lorsque l'animal commence à répondre avec justesse à la pression des jambes, et à exécuter régulièrement les pirouettes renversées, on lui fait faire des *pirouettes ordinaires*, en déterminant les épaules à tourner autour des hanches maintenues en place; à

Pirouette ordinaire (épaules autour des hanches).

[1] Pour toucher le cheval sur le flanc gauche, on passe la main droite qui tient la cravache, à volonté par-dessus ou par-dessous les rênes ; un simple contact suffira, si l'animal a été soumis au travail préparatoire de la cravache.

cet effet, pour la pirouette à droite, le cavalier, après
avoir obtenu le ramener de son cheval, commence
par amener la tête à droite au moyen de la rêne du
filet ; puis en continuant l'action de cette rêne secondée par une pression de la jambe droite près des
sangles, il dirige peu à peu l'avant-main à droite ;
il glisse en même temps la jambe gauche en arrière
pour fixer la croupe et l'empêcher de se porter à
gauche, et il seconde l'action de cette jambe, par
une opposition de la rêne gauche du filet. Dans ce
mouvement, la jambe droite, en venant se fermer
près des sangles, a pour mission de communiquer
l'action, tout en contribuant à contenir l'arrière-
main. Ainsi que pour la pirouette précédente : faire
un ou deux pas, arrêter, caresser et recommencer.

Pour la pirouette à gauche : mêmes principes et
moyens inverses.

Lorsqu'on aura exécuté ainsi, pas à pas, plusieurs
pirouettes ordinaires, on les répètera, de même que
les pirouettes renversées, en n'arrêtant le cheval que
tous les cinq ou six pas ; enfin on les exécutera en
entier sans s'arrêter.

Ce mouvement étant plus difficile que le précédent, on fera bien, pour en faciliter l'exécution, de
mettre les cavaliers sur la piste ; dans ce cas, la jambe
du dehors ne se glissera en arrière, pour contenir la

croupe, qu'à mesure que les épaules s'éloigneront du mur.

L'instructeur devra veiller, surtout dans la pirouette ordinaire, à ce que les cavaliers entretiennent suffisamment *l'action*, pour éviter l'acculement (p. 35).

Si, pendant l'exécution d'une pirouette, le cheval fait mine de s'acculer, le cavalier cessera toute exigence, pour lui faire faire immédiatement un ou deux pas en avant ; il en sera de même, la pirouette étant terminée.

Dans tous ces mouvements, la main de la bride devra être fixée dans la direction de la rêne déterminante du filet, ce qui permettra plus tard au cavalier de se passer tout à fait de l'action de cette rêne.

§ 5. — **Effets d'ensemble** [1].

Dès que les chevaux commenceront à céder régulièrement à l'action des aides, l'instructeur apprendra aux cavaliers à exécuter des *effets d'ensemble*.

Pour produire ces effets, le cavalier, tenant les rênes de bride bien ajustées dans la main gauche et celles du filet croisées dans la main droite, rapprochera progressivement les jambes, afin de prévenir le retrait des forces quand la main viendra à se soutenir ; puis, ayant fixé cette main de manière à

[1] Voir l'Introduction, p. 41.

sentir légèrement l'appui du mors, il produira, avec
les jambes, une pression derrière les sangles, qui aura
pour effet de faire appuyer le cheval sur la main de
la bride ; celle-ci, par son soutien, opposera à ce poids
une force *équivalente*, et ces deux forces ainsi opposées devront nécessairement se détruire ; l'équilibre [1]
qui en résultera se manifestera par le relâchement
complet des muscles de la mâchoire et de l'encolure.

Pour s'assurer de ce résultat, la main, au moment
où les deux forces se balancent, produira un certain
mouvement de torsion, en se tournant insensiblement
les doigts en dessus (*sans se rapprocher du corps*), ce
qui aura pour effet de raccourcir un peu les rênes,
en les égalisant, et d'occasionner ainsi un petit surcroît d'action *locale* sur les barres.

S'il y a harmonie entre les forces de l'avant et de
l'arrière-main, s'il y a équilibre, l'absence de toute
contraction dans l'encolure et dans la mâchoire permettra à ces parties de céder à la moindre pression du
mors de bride. On verra donc le cheval se mettre
dans la main, en affaissant légèrement son encolure
et en mâchant son mors. Une légèreté parfaite sera
la conséquence de cette disposition.

Il arrive fréquemment que l'animal feint de se
mettre dans la main, en rouant son encolure, *mais*

[2] Voir p. 18, *Du mouvement et de l'équilibre*.

sans desserrer les mâchoires ; il importe alors que le cavalier ne se laisse pas tromper par cette fausse cession, et qu'il poursuive le soutien énergique de la main, tout en continuant la pression des jambes, jusqu'à ce que l'animal se décide à *lâcher son mors ;* alors, pendant un instant, la main du cavalier ne sentira plus aucun point de contact avec la bouche de son cheval; il saisira ce moment pour lui rendre et le caresser.

Ces oppositions de force, habilement ménagées, contribueront à donner une grande légèreté et beaucoup de souplesse au cheval. Le cavalier en produira le plus possible, d'abord de pied ferme, et progressivement en marchant à toutes les allures ; il recommencera les pirouettes, en faisant en sorte de faire précéder chaque pas d'un effet d'ensemble.

Dans les commencements, la main droite, au moyen des rênes de filet, a pour mission de maintenir le cheval droit ; lorsqu'il commence à répondre régulièrement aux effets d'ensemble, le cavalier les exécutera en ayant les rênes de filet séparées dans les deux mains, ce qui lui permettra de répéter souvent ces effets, sans avoir besoin de changer les rênes de main ; enfin, il les fera sans les secours du filet. Dans tous les cas, les rênes du filet doivent rester entièrement étrangères à la production de l'effet d'ensemble, la main de la bride devant agir seule ; à moins, toutefois, qu'en cherchant à produire cet effet, le cavalier ne s'aperçoive d'une contraction latérale de l'encolure, que, dans ce cas, il pourra détruire en produisant du même côté (tout en continuant le soutien de la main de la bride) une petite opposition au moyen de la rêne du filet.

L'instructeur donnera la leçon de l'effet d'ensemble, individuellement; à cet effet, il arrêtera les cavaliers sur la piste et prendra au besoin, dans sa main droite, la main de la bride du cavalier, pour faire comprendre à celui-ci, la *fixité* qu'il est indispensable de donner à cette main pendant que les jambes agissent, et la gradation qu'il faut suivre en la renversant; il maintiendra en même temps la tête du cheval par une légère opposition sur la rêne gauche du filet.

Il n'est pas un cavalier qui, après quelques leçons données avec soin, ne saisisse le mécanisme de ces effets, et ne les produise avec régularité. L'instructeur ne devra rien négliger pour faire comprendre la nécessité de les répéter le plus souvent possible, car c'est en partie de leur production réitérée et intelligente que dépend le résultat définitif de tout dressage.

Effets
diagonaux.

Plus tard, pour confirmer le cheval dans sa souplesse, le cavalier devra fréquemment décomposer les effets d'ensemble, en produisant des *effets diagonaux*: il fera alors une demi-flexion d'encolure à droite ou à gauche, et fermera la jambe diagonalement opposée, l'autre jambe restant toujours près pour s'opposer à tout ralentissement dans l'allure. Ce sera surtout lorsque l'animal commencera à supporter les éperons, que ces effets *diagonaux* seront une puissante ressource pour compléter son assouplissement [1].

Le temps que nous consacrons au travail de pied ferme peut sembler un peu long à quiconque n'a fait dresser des chevaux par des hommes de troupe. L'expérience nous a démontré que, pour obtenir des résultats prompts et vraiment satisfaisants , il faut tenir ces hommes aux assouplissements de pied ferme, jusqu'à ce qu'ils aient obtenu le *ramener* ; insister sur l'exécution régulière des pirouettes ; enfin, familiariser le cavalier avec la production de l'effet d'ensemble, avant de commencer le travail en marchant.

Certains chevaux se ramènent sans difficulté quand ils ne sont pas montés ; moins facilement quand ils supportent le poids du cavalier ; et très-difficilement lorsque, de plus, ils sont en marche : ce serait perdre son temps que de vouloir, en forçant les assouplissements de la mâchoire et de l'encolure, obtenir le ramener parfait de ces animaux, qui pèchent presque tous par une mauvaise disposition de l'arrière-main :

[1] M. Baucher, tout en faisant fréquemment usage de ces effets, n'a peut-être pas assez insisté sur leur importance. M. le capitaine Raabe, dans ses ouvrages, s'attache avec raison à faire ressortir leur véritable rôle en équitation.

un travail intelligent, ayant pour but de modifier la répartition des forces, pourra seul amener à une bonne mise en main ; c'est assez dire que ces chevaux exceptionnels ne pourront jamais être ramenés que très-imparfaitement par des hommes de troupe.

Ainsi que nous l'avons dit précédemment, le cavalier qui dresse son cheval isolément, s'il possède une certaine habitude du dressage et l'*intelligence de la méthode*, tout en suivant la progression prescrite, pourra passer beaucoup plus rapidement sur le travail de pied ferme : dès le premier jour, si son cheval a cédé convenablement aux assouplissements à pied, il pourra commencer les flexions à cheval ; le lendemain, après avoir répété le travail de la veille, il pourra passer aux pirouettes sur les épaules, etc., etc. Bref, après quatre à cinq jours de travail méthodique, le cavalier adroit et intelligent pourra commencer la 2ᵉ leçon, quitte à revenir souvent dans la suite, sur les exercices de la première, jusqu'à ce que leur exécution ne laisse plus rien à désirer. Toutefois il évitera avec le plus grand soin de faire marcher le cheval *avant d'avoir obtenu le ramener de pied ferme*, sous peine de faire fausse route ou tout au moins d'entraver considérablement les progrès de sa monture.

Récapitulation de la première leçon.

(ENVIRON 10 SÉANCES.)

AIDE - MÉMOIRE.

Amener les chevaux au manége et les disposer sur la ligne du milieu (p. 74).

Jusqu'à ce qu'ils répondent parfaitement au travail prépara-toire de la cravache, y employer le commencement de chaque séance. Habituer surtout le cheval à ranger ses hanches au moin-dre contact et sans déplacer son avant-main (p. 76 et 78).

Le travail de la première leçon est réparti de la manière suivante:

1° *Consacrer les trois ou quatre premiers jours exclusivement au travail de la cravache et aux flexions à pied : d'abord la flexion préliminaire d'affaissement (n'en pas abuser)* (p. 80) ; *ensuite exécuter, toujours dans l'ordre prescrit, les quatre flexions fon-damentales* (p. 82 à 89) ; *ne pas insister sur les flexions latérales de l'encolure pour les chevaux de troupe* (p. 88).

2° *Pendant deux ou trois jours, après vingt minutes de tra-vail à pied, donner la leçon du montoir, individuellement et avec le plus grand soin* (p. 91), *et dès que les chevaux restent calmes sous le cavalier, commencer les flexions à cheval* (p. 94). *Termi-ner chaque séance par quelques tours sur la piste, n'exigeant du cheval que la position du ramener* (p. 97).

3° *Pendant trois ou quatre jours encore, après une demi-heure consacrée au travail à pied, à la leçon du montoir et aux flexions à cheval, faire exécuter les pirouettes de pied ferme, en les décom-posant pas à pas* (p. 91 et 93), *et terminer les séances par la leçon de l'effet d'ensemble* (p. 41 et 105), *donnée d'abord homme par homme, les cavaliers étant arrêtés sur la piste (à main gauche), et répétée ensuite en marchant à l'une et à l'autre main.*

IIᵉ LEÇON.

1° Pirouettes en marchant;
2° Marcher au trot;
3° Travail sur les hanches (au pas);
4° Marche circulaire;
5° Travail individuel (au pas).

Les cavaliers auxiliaires sont supprimés.
On consacrera dix minutes de chaque séance au travail en place.

§ 1ᵉʳ. — Pirouettes en marchant.

L'instructeur place les cavaliers en colonne sur la piste, à 3 mètres l'un de l'autre, et fait exécuter les pirouettes de la première leçon, ainsi qu'il suit :

Pirouette renversée.

A l'avertissement : *Pirouette renversée*, les cavaliers se préparent à se porter en avant, bien droit devant eux.

Au commandement, *un*, ils se portent en avant, en mettant leurs chevaux dans la main, au moyen d'un effet d'ensemble.

Au commandement, *deux*, ils exécutent, sans s'être préalablement arrêtés, la pirouette renversée, en se servant, comme il est prescrit dans la première leçon, *de deux forces du même côté*, soutenues par deux forces opposées, pour régulariser l'action des premières (p. 102).

Au commandement, *trois*, ils arrêtent leurs chevaux droit sur la piste, et les y fixent par un effet d'ensemble.

Ces mouvements sont exécutés très-lentement, les cavaliers maintenant leurs chevaux au ramener, et se conformant du reste aux principes prescrits dans la leçon précédente.

Les pirouettes ordinaires sont faites à des com- mandements analogues, les cavaliers ayant le plus grand soin d'entretenir l'*action*, afin de prévenir l'ac- culement.

Pirouettes ordinaires.

Lorsque ces pirouettes s'exécutent régulièrement, l'instructeur les fait répéter en marchant; à cet effet :

Au commandement, *pirouette renversée* (ou *ordi- naire*), — *un*, les cavaliers préparent leurs chevaux par un effet d'ensemble, sans ralentir l'allure ;

Au commandement *deux*, ils exécutent la pirouette ;

Au commandement *trois*, ils se remettent en mar- che en produisant un effet d'ensemble.

Pour l'exécution régulière de tous ces mouvements, l'instructeur rappellera aux cavaliers que, toutes les fois qu'une jambe est chargée de donner la *position*, l'autre doit contribuer à entretenir l'*action ;* il veillera d'une manière toute particulière à ce que, dans la pirouette ordinaire surtout, l'action soit suffisam- ment soutenue, pour empêcher le cheval de faire refluer ses forces sur l'arrière-main.

8

On répétera les pirouettes le plus souvent possible, non-seulement dans cette leçon, mais aussi dans le courant des leçons suivantes, car ce sont ces mouvements qui contribueront le plus à mobiliser le cheval.

§ 2.—Marcher au trot.

Le travail précédent devra être entrecoupé de *marches au trot*, pendant lesquelles les cavaliers s'attacheront à maintenir leurs chevaux au ramener, en produisant, à cette allure, les effets d'ensemble, tels qu'ils ont été enseignés de pied ferme et en marchant au pas ; ils éviteront de surprendre leurs chevaux, et exigeront qu'ils partent bien droit. A l'avertissement, *préparez-vous à marcher au trot*, ils les mettront dans la main par un effet de ramener, et au commandement, *partez au trot*, ils augmenteront la pression des jambes en mollissant un peu la main. Le trot devra être très-modéré, « pour éviter que les chevaux ne retombent dans leurs contractions naturelles. Les jambes seconderont la main, et le cheval, renfermé entre ces deux barrières, qui ne feront obstacle qu'à ses mauvaises dispositions, développera bientôt toutes ses belles facultés, et acquerra, avec la cadence du mouvement, la grâce, l'extension et la sûreté inhérentes à la légèreté de l'ensemble. »

L'instructeur fera passer au pas pour changer de main, après quelques tours de manége. Pour passer au pas, le cavalier rapprochera les jambes en assurant le corps, et soutiendra la main par degrés, en l'élevant un peu sans la rapprocher du corps.

Les chevaux ayant acquis une certaine légèreté en marchant au trot, on fera faire des changements de main diagonaux, sans passer au pas ; on recommandera aux cavaliers de sentir de bonne heure la rêne et la jambe du dedans (p. 99), et surtout, de se servir de la rêne du filet pour faire précéder la tête et l'encolure dans la nouvelle direction ; au moment de quitter la piste, ils fermeront la jambe de dehors en redressant le corps, et soutiendront un peu la main, pour empêcher les chevaux d'allonger leur allure en tombant sur les épaules ; la jambe du dedans, de même qu'au pas, se fermera près des sangles.

Changement de main.

Dès que les chevaux conserveront la position du ramener en marchant au trot, l'instructeur fera fréquemment allonger cette allure, afin de les habituer à passer sans hésitation d'une allure lente à une allure vive, et *vice versá*.

En passant du grand trot au trot ordinaire, les cavaliers devront faire quelques effets d'ensemble pour retrouver la légèrcté de leurs chevaux, avant de les faire allonger de nouveau.

Lorsque ce travail s'exécutera avec calme, l'in-

8.

structeur fera parfois partir de pied ferme au trot,
et arrêter en marchant à cette allure. Il recommandera aux cavaliers de *soutenir le corps* aussi bien dans
l'arrêt que dans le départ, et de faire en sorte, par un
accord parfait des aides, d'empêcher les chevaux de se
traverser. Si l'arrêt a lieu sur la piste du manége, les
cavaliers soutiendront la main de la bride légèrement
en dehors, en glissant la jambe du dedans en arrière,
ce qui contiendra les hanches sur la ligne des épaules.

§ 3. — Travail sur les hanches (au pas).

Lorsque les chevaux sont légers au pas, on leur fait
commencer le *travail de deux pistes :* les cavaliers marchant à main droite, l'instructeur fait commencer un
changement de direction diagonal, et, à deux mètres
de la piste opposée, il prescrit au conducteur, et successivement aux autres cavaliers, de terminer le mouvement par *des pas de côté ;* à cet effet, ils feront une
opposition de la rêne gauche du filet, de manière à
permettre à l'épaule droite de dépasser l'épaule gauche, et ils fermeront la jambe gauche, afin de faire
fuir les hanches de gauche à droite; ils régulariseront
en même temps l'effet de la rêne gauche par le soutien de rêne droite, et ils entretiendront l'allure (action) au moyen de la jambe droite. Les hanches du
cheval devront ainsi arriver sur la piste en même
temps que les épaules.

De même que dans la *pirouette renversée*, les cavaliers rangeront les hanches de leurs chevaux, en se
servant de deux forces du même côté. Le changement
de main, en appuyant à gauche, s'exécutera naturellement suivant les mêmes principes et par les moyens
inverses.

L'instructeur fera répéter ces mouvements à l'une
et à l'autre main, en ajoutant chaque fois un ou deux
pas au travail de deux pistes, jusqu'à ce que finalement le changement de main ait été exécuté entièrement sur les hanches.

Les cavaliers feront en sorte d'entretenir constamment la légèreté de leurs chevaux, et de passer toujours
exactement sur le même terrain où le conducteur a
passé.

Il arrive souvent dans les derniers pas d'un changement de main sur les hanches, que, par suite de
l'absorption d'une partie de *l'action* au profit de *la
position* donnée, le cheval gagne trop de terrain sur le
côté : il faut alors le pousser en avant, après avoir
diminué l'effet de la rêne et de la jambe qui donnent
la *position* et augmenté celui de la rêne et de la
jambe opposées.

Si les épaules du cheval tendent à rejoindre la piste
avant les hanches ou, en d'autres termes, si la croupe
ne suit pas le mouvement des épaules, il faut *opposer*
la rêne du côté de la jambe *déterminante* (qui donne

la position) et augmenter l'effet de cette jambe, jusqu'à ce que le cheval engage son arrière-main et se
place parallèlement au mur ; l'autre jambe entretiendra *l'action*, pour empêcher tout ralentissement.

Si, au contraire, c'est la croupe qui devance les
épaules, il faut diminuer l'effet de la jambe déterminante, et augmenter l'action de la rêne et de la jambe
opposées, en ayant toujours soin de prévenir le ralentissement de l'allure.

Toutes les fois que le cheval résistera trop à la pression d'une jambe, le cavalier aura recours au toucher de
la cravache, ainsi qu'il l'a appris à la 1re leçon, p. 103.

Il peut arriver qu'un cheval fasse des difficultés pour
appuyer, soit parce que la *position* donnée par le cavalier n'est pas irréprochable, soit pour tout autre
motif ; l'instructeur saisit alors les rênes et lui maintient les épaules sur la ligne à parcourir, pendant que
le cavalier se sert des jambes secondées par la cravache pour faire suivre les hanches.

Si le cheval résiste à la jambe en *ruant à la botte*,
l'instructeur lui met le caveçon, et réprime toute
velléité de défense par un petit coup sec donné à
propos ; il a d'ailleurs toujours soin de s'assurer *des
causes* de la résistance du cheval, afin de ne pas trop
exiger de celui dont la conformation défectueuse ou
l'état de souffrance s'opposeraient à une exécution régulière. De toute façon le cavalier dont le cheval fait

des difficultés pour appuyer, l'habituera, d'abord à pied, à ranger ses hanches, en insistant sur ce travail préparatoire, tel qu'il lui a été enseigné à la 1re leçon (p. 76).

Lorsque les chevaux sont en état d'exécuter régulièrement les pirouettes et les changements de main de deux pistes, il sera facile de leur faire décrire les figures de manége suivantes, qui serviront à les confirmer dans l'obéissance aux aides et contribueront puissamment à compléter leur assouplissement. Ces figures, qui ne sont que l'application des principes déjà connus, ont de plus l'avantage d'intéresser le cavalier, en fixant son attention [1].

Travail sur les hanches au pas.

La *demi-volte ordinaire* n'est autre chose qu'une *pirouette ordinaire*, dans laquelle les membres postérieurs, au lieu de pivoter, décrivent un arc de cercle plus ou moins grand, terminé par une ligne oblique, pour rejoindre la piste. Pendant l'exécution du mouvement, le cavalier doit maintenir son cheval sur la ligne à parcourir et entretenir *l'action* au moyen de la jambe du côté vers lequel il appuie, afin de prévenir l'acculement.

Demi-volte ordinaire.

Pour éviter que l'animal ne sorte de son équilibre, le cavalier doit avoir soin que les épaules et les hanches quittent la piste en même temps.

[1] Voir *Pl.* XIII, à la fin du volume.

Contre-
changement
de main.

Dans le *contre-changement de main*, le cavalier quitte la piste, comme pour exécuter un changement de main diagonal sur les hanches. Après avoir fait une dizaine de pas de côté, il porte son cheval un pas en avant et intervertit l'action de ses aides, de manière à regagner la piste d'où il est parti, en appuyant dans le sens inverse. Pendant toute la durée du mouvement, le cheval devra être maintenu dans une direction parallèle au mur, et l'on se conformera du reste aux principes prescrits pour *le changement de main*.

Demi-volte
renversée.

La *demi-volte renversée* est une *pirouette renversée* dans laquelle les membres antérieurs du cheval décrivent un arc de cercle, au lieu de rester en place; c'est l'inverse de la demi-volte ordinaire.

Dans cette figure, les chevaux sont presque toujours tentés de se porter en avant vers la fin du mouvement; il importe de les maintenir sur la ligne circulaire, en résistant de la main et en augmentant un peu la pression de la jambe déterminante.

Les trois figures précédentes seront d'abord exécutées en reprise, les cavaliers passant exactement sur le même terrain que le conducteur; elles seront répétées alternativement à l'une et à l'autre main. On pourra aussi les faire faire simultanément, par un mouvement individuel de chaque cavalier.

Changement
de main
renversé.

Le *changement de main renversé* s'exécute comme le changement de main diagonal sur les hanches, et, à

trois ou quatre pas de la piste opposée, les cavaliers
décrivent successivement une *petite demi-volte renversée*,
en augmentant simplement le soutien de la rêne déterminante, tout en continuant l'action de la jambe
du même côté; arrivés face en arrière, les cavaliers
rejoignent la piste d'où ils sont partis, en appuyant
sur une ligne parallèle à la première.

L'épaule en dedans est un mouvement d'appuyer   Épaule
en dedans.
dans lequel les épaules du cheval doivent suivre, en
dedans du manége, une ligne parallèle à la piste parcourue par les membres postérieurs. Ainsi que dans les
mouvements précédents, les cavaliers se serviront de
deux forces du même côté (rêne et jambe du dedans),
qui détermineront le cheval à ranger ses hanches, la
jambe du côté opposé servant à entretenir l'allure
(*action*), et la main, à donner la direction. Le cavalier
redressera son cheval sur la piste au moyen de la rêne
du dehors, en tenant la jambe du dedans près, afin
d'empêcher les hanches de se jeter en dedans.

Dans le mouvement de *l'épaule en dehors*, on em-   Épaule
en dehors
ploie les moyens inverses ; ce sont les hanches qui
suivent une ligne parallèle à la direction parcourue
par les épaules maintenues sur la piste (*tête au mur*).

A mesure que les chevaux prendront l'habitude de
ces mouvements, les cavaliers, dont la main de la
bride aura toujours suivi la direction de la rêne déterminante du filet, diminueront l'action de cette

rêne, afin de ne se servir finalement que de celle de la
bride seulement.

C'est pour l'exécution régulière de ces mouvements que le cavalier trouvera une puissante ressource dans l'application de l'*effet
diagonal.*

§ 4. — Marche circulaire.

La marche circulaire est, ainsi que les figures qui
précèdent, une application de principes détaillés précédemment ; on pourra la faire exécuter sur les hanches, par reprise d'abord, ensuite individuellement
(*volte*).

Dans le travail en cercle, comme dans tous les
mouvements du reste, les cavaliers s'attacheront à
entretenir la légèreté de leurs chevaux et à éviter *l'acculement* [1], en produisant des effets d'ensemble et des
effets *diagonaux,* le plus souvent possible.

Dès qu'ils s'apercevront que le cheval fait des efforts pour rétrécir le cercle, ils le stimuleront énergiquement au moyen de la jambe *du dedans,* tout en le
contenant sur la ligne circulaire.

Le travail sur hanches jouit de la propriété d'assouplir singulièrement le cheval, de le familiariser avec
les aides, et de préparer son entière soumission ; il a
surtout l'avantage inappréciable de donner du tact au

[1] Le cheval est acculé dans la marche circulaire, lorsqu'il rétrécit le
cercle sur lequel il doit marcher, malgré les efforts du cavalier.

cavalier, et de lui apprendre à vaincre les résistances
de l'animal, par de judicieuses oppositions de rênes
et de jambes.

§ 5. — **Travail individuel (au pas)**.

Lorsque les cavaliers ont obtenu un commencement de légèreté dans le travail sur les hanches au
pas, l'instructeur leur fait exécuter des doublés et
des demi-tours individuels, et dès qu'ils les exécutent
avec régularité, il disperse la reprise dans le manège.
Chaque cavalier devra travailler pour son compte, ne
se préoccupant des autres *que pour éviter de suivre la
même direction ;* ils marcheront peu sur la piste, et feront tourner leurs chevaux dans toutes les directions,
observant d'y faire précéder toujours la tête, au
moyen d'une légère action sur la rêne du filet du
même côté (p. 99) ; ils exécuteront isolément, et
à volonté, les mouvements qu'ils ont faits en reprise.

Pour faire tourner le cheval, le cavalier portera la
main de la bride dans la direction qu'il désire suivre,
et fermera les deux jambes, celle du dehors plus ou
moins en arrière, suivant qu'il voudra produire un
mouvement plus ou moins rétréci ; il aura soin du
reste d'appliquer les principes prescrits pour le *changement de main* (p. 99). Pendant toute la durée de ce
travail, il s'attachera, de même qu'en reprise, à conser-

ver le cheval dans la main ; il aura l'attention, surtout, de combattre les résistances partielles de la croupe
ou de l'encolure, par des oppositions de rênes de filet
combinées avec l'action des jambes, afin de régulariser les allures en harmonisant les forces de l'animal.

Le travail individuel a pour but de forcer le
cavalier à appliquer les principes qui lui ont été
donnés, les chevaux détachés les uns des autres, ne
pouvant plus, comme sur la piste, agir par imitation.

Pour s'assurer si les chevaux ont profité du travail
individuel, l'instructeur les forme sur une seule colonne et commande un changement de direction dans
la longueur du manége. En arrivant au petit côté
opposé, les numéros impairs tournent à droite et les
numéros pairs à gauche. Les cavaliers ont soin de
préparer leurs chevaux à temps pour qu'ils ne cherchent pas à suivre le cheval qui les précède ; ils éviteront de se rapprocher, afin de retrouver leur place
dans la colonne, en recommençant un deuxième
changement de main. On répète plusieurs fois cet
exercice, le premier cavalier tournant alternativement
à droite et à gauche.

De même que dans la première leçon, on pourra
passer d'un mouvement à un autre, sans exiger une
grande perfection dans l'exécution ; mais on ne devra
commencer la leçon suivante que lorsque cette exécution n'aura plus rien laissé à désirer.

Récapitulation de la deuxième leçon.

(ENVIRON 12 SÉANCES.)

AIDE - MÉMOIRE.

Les dix premières minutes de chaque séance consacrées au travail en place (travail préparatoire de la cravache, flexions de mâchoire et d'encolure, etc.).

Mettre les cavaliers en colonne sur la piste, avec 3 mètres de distance (p. 112).

1° Faire quelques pirouettes sur les épaules et sur les hanches, les cavaliers étant arrêtés sur la piste. Répétition de ces pirouettes en marchant (p. 113). Entrecouper ce travail de quelques marches au trot (p. 114). Changement de main après avoir fait passer au pas (2 séances).

2° Répétition du travail précédent, en y ajoutant le change- ment de main au trot. Changement de main sur les hanches au pas (p. 116) (2 séances).

3° Répétition des pirouettes en marchant. Passer du trot au grand trot et vice versâ. Changement de main complet sur les hanches. Demi-volte ordinaire. Contre-changement de main. Demi-volte renversée. Changement de main renversé. Épaule en dehors. Épaule en dedans (p. 116 à 122). Marche circulaire (p. 122). Travail individuel au pas (p. 123) (8 séances environ).

Les cavaliers isolés exécuteront ces divers mouvements avec le plus grand soin, en se conformant d'ailleurs à la Progression ci-dessus.

IIIᵉ LEÇON.

1° Travail sur les hanches et travail
    individuel (au trot);
2° Toucher des éperons;
3° Répétition des pirouettes et des
    mouvements sur les hanches,
    sans le secours des jambes;
4° Descente de main;
5° Principes du reculer.

*On consacrera cinq minutes de chaque séance au travail à pied.
Les cavaliers seront ensuite formés sur deux rangs ouverts, à six
pas de distance, et l'on fera monter à cheval comme le prescrit
l'ordonnance.*

*Pour mettre pied à terre, les cavaliers seront également dis-
posés sur deux rangs ouverts, afin que, au lieu de reculer, les
nᵒˢ 2 et 4 du 2ᵉ rang puissent se porter en avant.*

Les conducteurs seront changés chaque jour.

§ 1ᵉʳ. — Travail sur les hanches et travail individuel (au trot).

L'instructeur fait répéter les mouvements de la
deuxième leçon [1], en les entrecoupant de temps de
trot sur la piste, pendant lesquels les cavaliers s'at-
tachent à perfectionner *le ramener* de leurs chevaux;
la légèreté s'étant produite, et les chevaux marchant
avec aisance et aplomb, il fera exécuter, en marchant au trot, le travail sur les hanches, en ayant

---

[1] On pourra répéter ces mouvements avec les armes, en se conformant
à ce qui est prescrit dans la IIᵉ partie.

soin de se conformer exactement à la progression indiquée dans la leçon précédente : changements de
main diagonaux, demi-voltes, contre-changements
de main, etc., etc.

Si le cheval précipite son mouvement vers la
piste ; si les épaules devancent les hanches, ou si les
hanches vont plus vite que les épaules, le cavalier y
remédiera en agissant exactement comme il est prescrit dans la deuxième leçon (p. 117). L'instructeur
lui fera comprendre que l'allure étant plus vive, il
lui faudra plus de tact et d'énergie dans les diverses
oppositions, pour donner la position sans nuire à la
légèreté du cheval, et sans diminuer ou augmenter
son allure (action).

On ne commencera les demi-voltes, les contre-
changements de main et les autres mouvements
sur les hanches, qu'après avoir obtenu de la régularité dans le changement de main de deux pistes.

De même que dans la leçon précédente, les cavaliers qui travaillent leurs chevaux isolément devront porter un soin tout
particulier à l'exécution parfaite de ces mouvements.

Ainsi que dans la deuxième leçon, le travail individuel n'est que la répétition de ce qui a été fait en
reprise, chaque cavalier agissant pour son compte, et
se conformant aux principes qui lui ont été donnés
précédemment.

§ 2. — Toucher des éperons [1].

Lorsque les chevaux sont bien calmes, suffisamment ramenés, et qu'ils exécutent régulièrement les mouvements qui précèdent, l'instructeur apprend aux cavaliers à se servir des éperons.

Ce travail sera désormais l'auxiliaire indispensable de tous les assouplissements auxquels on soumettra l'animal, et contribuera puissamment à ranimer son énergie et à lui donner de *la franchise;* son dressage est d'ailleurs entré dans une phase où la pression des jambes est devenue insuffisante pour l'entretien de la légèreté pendant l'exécution des divers mouvements qui vont suivre, légèreté qui est le principal caractère de toute éducation complète.

L'expérience nous a démontré qu'il est extrêmement imprudent de soumettre les chevaux *de troupe,* et particulièrement les juments, aux attaques *de pied ferme,* comme moyen d'assouplissement, les cavaliers militaires dont on dispose, manquant généralement du tact voulu pour se servir judicieusement de cette aide qui, bien employée, produit de si merveilleux effets. Nous les supprimons donc entièrement, pour ne nous servir que du *pincer* des éperons en marchant, ainsi qu'il suit, et nous engageons tous les

[1] Voir l'Introduction, p. 54.

cavaliers qui travaillent leurs chevaux sans le secours d'un maître, et qui n'ont pas une grande habitude du dressage, de faire de même, s'ils ne veulent s'exposer à les rendre rétifs ou tout au moins fort désagréables.

Avant de commencer à habituer le cheval à céder régulièrement au contact des éperons, *il faut s'assurer que son ramener est parfait au pas et au trot.*

L'instructeur n'aura pas besoin d'attendre que tous les chevaux soient susceptibles d'être attaqués. Après avoir constaté le degré de souplesse et de ramener de chacun, il désignera ceux qu'il jugera devoir être soumis au toucher des éperons; puis, après avoir fait prendre de grandes distances, il préviendra tel ou tel cavalier de produire un effet d'ensemble, en rapprochant progressivement les jambes de manière à envelopper entièrement le cheval, et de soutenir en même temps la main, afin de s'opposer à toute augmentation d'allure. L'animal étant calme, ramené et l'éperon ne se trouvant plus qu'à une *très-petite* distance du poil, le cavalier *le pincera des deux*, le plus délicatement possible, en ayant soin de rendre *en même temps* la main de la bride, de manière que le cheval, en répondant à l'éperon, ne sente pas l'appui du mors, et tombe pour ainsi dire dans le vide; quelle que soit l'allure à laquelle il se portera en avant, le cavalier restera calme, bien assis, se contentant de fixer moelleusement la main, et tenant

Toucher des éperons (1re phase).

9

les jambes près sans produire aucune pression ; le
cheval ne tardera pas à ralentir et à se mettre dans
la main. Après avoir fait un effet d'ensemble, le cavalier lui rendra tout et le caressera.

Comme il importe de laisser ignorer à l'animal qu'on
va lui faire sentir les éperons, il faut l'habituer d'abord
à supporter patiemment une forte pression des jambes,
afin qu'on puisse les rapprocher à volonté sans produire le moindre désordre. Ce travail devra d'ailleurs
être toujours fait individuellement et à l'avertissement de l'instructeur, qui aura soin de faire les recommandations voulues, pour que les cavaliers agissent avec toute la délicatesse désirable. Il a pour but
d'habituer le cheval à se porter franchement en avant
aux jambes; s'il est bien compris, celui-ci obéira
bientôt sans aucune brusquerie.

Ces attouchements des éperons se renouvelleront
plus ou moins fréquemment, suivant le degré d'impressionnabilité de l'animal. Lorsque l'instructeur
apercevra des chevaux mous, endormis, *derrière la main
et les jambes*, et n'ayant pas leur distance, il com-
mandera aux cavaliers de faire usage des éperons; il
leur défendra de s'en servir autrement qu'à son avertissement, et surtout, d'en faire un moyen de châtiment.

Il serait inutile, et même dangereux, d'appliquer au
dressage des chevaux de troupe, les attaques *sur résis-*

tance, les attaques *pour confirmer le ramener, pour obtenir le rassembler,* etc., etc., dont il sera question plus loin; ces dernières surtout ne seront jamais à la portée des cavaliers ordinaires.

§ 3. — Répétition des pirouettes et des mouvements sur les hanches, sans le secours des jambes.

Les chevaux commençant à être suffisamment confirmés dans l'obéissance aux aides, l'instructeur fait répéter les pirouettes et tout le travail sur les hanches au pas et au trot, en prescrivant aux cavaliers de faire de simples *oppositions* de rênes, et de se servir le moins possible des jambes, celles-ci menaçant seulement le flanc du cheval sans le toucher; l'éperon se trouvant près du poil, un petit coup, donné avec tact et à propos, suffira pour entretenir l'*action,* tout en contribuant à maintenir l'animal dans une bonne *position.*

Ce travail a pour objet de constater le degré d'instruction du cheval; il a pour avantage, en lui communiquant une certaine justesse, de le mettre à *toute main;* condition indispensable au cheval de troupe.

Il est bien entendu qu'on se contentera dans le principe, de quelques pas seulement. L'animal s'ha-

9.

bitue vite à ce travail, lorsqu'il est habilement pratiqué ; quand il y est convenablement confirmé, on
diminue progressivement les oppositions de rênes, et
l'on finit par faire exécuter les mouvements, par de
simples *indications*.

Le cavalier, pendant toute la durée de cet exercice, rétablit et entretient constamment l'équilibre,
au moyen d'effets d'ensemble fréquemment renou-
velés.

§ 4. — **Descente de main et de jambes** [1].

La leçon de la *descente de main* se donne, comme
celle de l'effet d'ensemble, d'abord individuellement,
puis en marchant aux trois allures : à l'avertissement
de l'instructeur, le cavalier abandonne les rênes du
filet et ajuste celles de la bride ; puis, il saisit l'extrémité de ces dernières avec la main droite, et place
cette main au-dessus de la main de la bride, les rênes
presque tendues (à peu près comme le prescrit l'ordonnance, pour le premier temps d'*ajustez-vos-rênes*) ;
il produit ensuite un effet d'ensemble, la main droite
conservant sa position ; dès que le cheval y répond,
il abandonne les rênes de la main gauche, descend
la main droite jusque sur l'encolure et lâche les jam-

(1) Voir p. 42.

bes. Pendant un instant le cheval restera immobile et parfaitement léger.

Le cavalier ayant compris le mécanisme de la descente de main, on la lui fait de suite exécuter en marchant, d'abord au pas, puis au trot; dans ce cas, l'allure ainsi que le ramener ne devront subir aucune altération. Pendant un pas ou deux, dans les commencements, les forces continueront à se faire équilibre; l'animal conservera sa légèreté. Ce semblant de liberté lui donnera une grande confiance, et contribuera puissamment à accélérer son entière soumission.

Dès que le cavalier sentira les forces du cheval se disperser (ce qui se manifestera, soit par une accélération dans l'allure, soit par un ralentissement suivi d'un affaissement d'encolure), il s'empressera de les ramener au centre [1]; si l'effet d'ensemble se produit bien, il pourra de nouveau être suivi d'une descente de main.

En répétant quelquefois ces descentes, on arrivera à donner beaucoup de justesse à l'animal, et le cavalier lui-même acquerra un tact plus grand dans l'emploi de ses aides. Lorsque celui-ci, après une descente de main, voudra remettre le cheval dans

---

[1] Centre de forces et de poids (ne pas confondre avec le milieu du corps).

son ensemble, il évitera de se servir de la main d'a-
bord, ce qui occasionnerait un ralentissement dans
l'allure : il commencera par une légère pression de
jambes, qu'il fera suivre d'un soutien moelleux de la
main de la bride.

Il faudra être sobre de descentes de main avec les
chevaux disposés à s'enterrer.

On pourra faire des descentes de main, non-seulement sur la
ligne droite et sur des cercles, mais encore pendant l'exécution du
travail sur les hanches, à toutes les allures (*Pl.* XII, *fig.* 2).

§ 5. — Principes du reculer [1].

Le reculer est sans contredit un des exercices les
plus importants auxquels il faille soumettre le cheval ; non-seulement parce que son influence est très-
grande sur la marche ultérieure du dressage ; mais
surtout parce qu'il met le cavalier à même de juger
du résultat obtenu par les assouplissements précédents, le mouvement rétrograde ne pouvant se produire régulièrement, si ces assouplissements n'ont
établi une certaine harmonie entre les forces de l'a-
vant et de l'arrière-main.

Reculer
individuel.

Avant de faire reculer le cheval, *il faut que son ra-*

[1] Voir l'Introduction, p. 49.

mener soit parfait, et qu'il obéisse à l'action des jambes, sans la moindre hésitation, afin qu'on soit toujours maître de le ralentir, de l'arrêter et de le porter en avant à volonté. Ces conditions étant remplies, le cavalier le prépare par un effet d'ensemble, tout en s'assurant que les épaules et les hanches sont sur la même ligne, et que le poids du corps se trouve régulièrement réparti sur les quatre supports; ensuite, le ramener obtenu, il rapproche progressivement les jambes, de manière à déterminer le cheval à soulever de terre un de ses membres postérieurs; et, avant que ce membre n'ait eu le temps de se porter en avant, la main, en s'élevant un peu, l'oblige au contraire à se porter en arrière pour étayer la masse, et rétablir l'aplomb du corps momentanément détruit par suite de la direction rétrograde imprimée au centre de gravité. Le mouvement de reculer ainsi entamé, le cavalier s'empresse de rendre la main et de relâcher les jambes, afin que le cheval s'arrête après avoir fait un ou deux pas au plus. Il rétablit immédiatement l'équilibre, au moyen d'un effet d'ensemble.

Pour que ce travail soit bien exécuté, et par suite bien compris du cheval, il faut que le cavalier recule d'abord pas à pas, chaque pas précédé et suivi, autant que possible, d'un effet de ramener. Si le cheval obéit sans se traverser et reste dans la main, on lui fait faire plusieurs pas de suite, en ayant l'attention de

cesser l'action des aides dès que les forces se disper-
sent, pour le remettre immédiatement dans son ensemble : en continuant à faire reculer l'animal, lorsque
celui-ci a cessé d'être en équilibre, c'est-à-dire léger,
on s'exposerait à provoquer des défenses et à produire
de l'*acculement*, qui, loin de contribuer à l'assouplissement du cheval, ne serviraient qu'à augmenter ses
résistances, en lui offrant de nombreux points d'appui.

Pour la leçon du reculer, les cavaliers sont placés
sur la même ligne, face au mur d'un grand côté du
manége, et à deux pas de la piste ; ils tiennent les
rênes de filet croisées dans la main droite, par-dessus
celles de la bride ajustées dans la main gauche ; mais
ils ne s'en servent que pour opposer les épaules aux
hanches, lorsque la pression des jambes devient insuffisante pour empêcher le cheval de se traverser.

L'instructeur fait fréquemment porter les cavaliers
en avant, après quelques pas de reculer, et sans les
avoir préalablement arrêtés, afin de s'assurer que les
jambes ont conservé toute leur puissance impulsive.

Il arrive parfois que le cheval entame de lui-même
le reculer, au moment où le cavalier, pour produire
son effet d'ensemble préliminaire, fixe la main : une
pression de jambes, proportionnée à l'impressionnabilité de l'animal, devra le maintenir en place, jusqu'à ce que la main, en s'élevant un peu, lui imprime
le mouvement rétrograde.

Jusqu'à la fin du dressage, chaque séance sera terminée par quelques minutes consacrées au reculer, l'instructeur y portant toute son attention, et ne le faisant exécuter à tous les cavaliers à la fois, qu'après l'avoir fait pratiquer individuellement et s'être assuré qu'il a été bien compris; dans ce cas, il indique, dans son commandement préparatoire, le nombre de pas que les cavaliers doivent faire.

Le reculer devant être le résultat d'une combinaison des aides, ainsi qu'on vient de le voir, le cheval ne doit se porter en arrière *à l'appel de la main*, qu'après y avoir été sollicité par les jambes. Ainsi, s'il se trouve bien *d'aplomb* sur ses quatre membres, et que la main *seule* vienne à agir, sans qu'il y ait eu d'abord pulsion de la part des jambes, la mâchoire et l'encolure devront seules répondre à cet appel; toutes les autres parties resteront en place.

Le cavalier devra parfois faire alterner ces actions *isolées* de la main avec les effets *combinés* qui produisent le reculer, afin de s'assurer que le cheval n'obéit qu'à la sollicitation des aides. Ce travail contribuera à donner une grande justesse à ce dernier.

Récapitulation de la troisième leçon.

(ENVIRON 8 SÉANCES.)

AIDE - MÉMOIRE.

Les cinq premières minutes de chaque séance sont consacrées au travail en place :

1° Exécuter le travail sur les hanches au trot (p. 126), en suivant la progression indiquée à la 2° leçon (p. 116). Terminer chaque séance par le travail individuel au trot (p. 127), conformément aux principes prescrits (p. 123) (4 séances environ).

2° Répétition du travail précédent. Toucher délicat des éperons (p. 51 et 128), deux ou trois fois au plus dans chaque séance (2 séances).

3° Ajouter aux exercices des pirouettes précédents, la répétition du travail sur les hanches, sans le secours des jambes (p. 131). Descente de main, de pied ferme, au pas, au trot (p. 132). Principes du reculer (p. 134) (2 séances).

IVᵉ LEÇON.

1° Effet d'ensemble avec toucher des éperons;
2° Principes du galop;
3° Changement de pied;
4° Travail sur les hanches (au galop);
5° Principes du rassembler.

La tenue des cavaliers est la même que pour les leçons précédentes.

On fait monter à cheval et mettre pied à terre comme dans la 3ᵉ leçon; lorsque les chevaux sont confirmés dans le reculer, on fait mettre pied à terre suivant les principes prescrits par l'ordonnance.

§ 1ᵉʳ. — Effet d'ensemble avec pression des éperons [1].

Les éperons considérés comme une aide susceptible de donner un surcroît de puissance aux jambes, permettront au cavalier de produire des effets toujours proportionnés aux résistances, *s'il est arrivé à les fixer contre les flancs du cheval, sans que celui-ci soit parvenu à s'y soustraire, soit en forçant la main, soit en s'acculant.* On atteindra facilement ce résultat, en ajoutant à l'action des jambes, *pendant qu'elles concourent à la production de l'effet d'ensemble,* une pression *progressive et continue* des éperons derrière les sangles, jusqu'à parfaite obéissance de l'animal,

[1] Voir l'Introduction, p. 53.

toutes les fois que cet effet sera trop lent à se produire, ou qu'il menacera de rester incomplet : il suffira de soutenir la main et d'augmenter *l'enveloppe* des jambes, pour que l'éperon, en s'appliquant d'une *manière insensible*, ne cause pas une impression douloureuse, et de continuer cette pression en l'augmentant par degrés, jusqu'à ce que la mobilité de la mâchoire et le relâchement des muscles de l'encolure annoncent la disparition de toute contraction anormale.

On exécutera ce travail, d'abord en marchant sur la piste, à l'une et à l'autre main, et on le décomposera par *effets diagonaux,* au moyen de la rêne du dehors et de l'éperon du dedans, et *vice versâ;* on se contentera de peu de chose les premiers jours, et l'on caressera fréquemment le cheval pour lui inspirer de la confiance. Lorsqu'il subira ces applications avec calme, on les répétera de pied ferme ; puis, on passera à *l'effet d'ensemble,* en observant de suivre la même progression.

Lorsque le cavalier sera arrivé à *renfermer* l'animal à volonté sur une forte pression des éperons, il se sera rendu maître de ses forces, car il lui sera toujours possible de les mettre en équilibre.

En pratiquant ce travail, il faut éviter avec soin que le cheval ne se mette derrière la main et les jambes *en s'appuyant contre l'éperon,* ce qui arrive parfois lorsqu'il a essayé en vain de se soustraire à la pression des aides inférieures en forçant la main : on aura l'attention de faire suivre chaque *effet d'ensemble avec pression des éperons* (surtout de pied ferme), d'une petite *attaque* (1re phase), sans déranger la position des jambes, et en rendant simplement la main de la bride, de manière à déterminer le cheval en avant, ainsi qu'il a été expliqué dans la 3e leçon.

Ces applications des éperons ont pour but de donner au cavalier le moyen de produire un commencement de *concentration* des forces de l'animal, qui le mettra à même d'obtenir des départs au galop justes et légers. Toutefois elles sont insuffisantes pour rétablir la légèreté, lorsque, après quelques-uns de ces départs.

e cheval un peu lourd ou paresseux s'appuie sur la main ou reste derrière les jambes : il faut alors, en soutenant moelleusement la main de la bride, rapprocher, au moyen de petites attaques progressives *en marchant* (phase intermédiaire, p. 34), les membres postérieurs restés en arrière de leur ligne d'aplomb, et terminer chaque série de ces attaques par un effet d'ensemble avec pression des éperons.

Après quelques-uns de ces effets, il arrive fréquemment que le cheval, à l'*approche* des talons, roue son encolure et mâche son mors, sans attendre l'effet impulsif des éperons. C'est là une feinte à laquelle il importe de ne pas se laisser prendre. A ce sujet il suffit de se rappeler, que l'effet d'ensemble est le résultat de deux *forces* équivalentes judicieusement opposées ; il faut donc que le cheval ne se renferme sur la pression des éperons *que parce que la main s'oppose au déplacement en avant ;* dans ce cas, le cavalier doit sentir l'animal venir s'appuyer d'abord sur le mors, par suite de l'effet stimulant des aides inférieures ; puis se renfermer si, cet effet continuant, la main, par sa fixité, l'oblige à rester en place.

Pour s'assurer qu'il y a réellement production de l'effet d'ensemble, et non feinte de la part du cheval, le cavalier rend la main *avant que l'effet ne soit entièrement terminé ;* le cheval doit alors se porter en avant sans aucune hésitation. S'il reste en place, c'est qu'il est derrière la main, et tout prêt aussi à se mettre derrière les jambes ; dans ce cas, avant de recommencer à pratiquer l'effet d'ensemble avec pression des éperons, il faut lui faire sentir quelquefois les éperons sans soutien de main (1re phase), pour rendre aux jambes la puissance impulsive qui leur est indispensable. Cette précaution est de la dernière importance.

Pendant tout ce travail, qui exige du calme, de l'à-propos et beaucoup de tact de la part du cavalier, celui-ci évitera avec soin de provoquer une impulsion que la main serait incapable de dominer et d'utiliser au profit de la légèreté ; il en sera très-sobre du reste, afin de ne pas surexciter l'animal, qui ne manquerait pas de se rebuter et de se révolter contre ses aides. Comme il importe surtout de lui conserver tout son *perçant*, le cavalier le poussera fréquemment en avant au moyen d'une attaque délicate, (1re phase), ainsi qu'on l'a dit plus haut, et lui fera faire parfois quelques tours de manége au trot allongé, qu'il s'attachera à régler le plus possible.

§ 2. — Principes du galop.

Si le travail prescrit dans la 3e leçon a été bien compris et surtout bien exécuté, il ne sera pas difficile d'obtenir de la *justesse* dans les départs au galop.

Nous n'entrerons pas ici dans le détail des croyances, plus ou moins accréditées, pour obtenir le départ au galop sur tel ou tel pied ; nous nous contenterons d'indiquer les moyens que nous employons personnellement, et qui ne diffèrent que très-peu de ceux préconisés par l'ancienne école, *tant qu'il ne s'agit que des premières leçons à donner à un jeune cheval ;* ce sont d'ailleurs les seuls susceptibles d'être pratiqués par les cavaliers chargés du dressage des chevaux de troupe.

Plus loin, nous indiquerons les principes pour faire partir juste et droit le cheval *déjà suffisamment assoupli,* et l'on verra qu'ils diffèrent essentiellement de ceux enseignés par l'ordonnance de cavalerie.

Avant de faire commencer les départs au galop,

l'instructeur fera multiplier les petites attaques sans soutien de main (1ʳᵉ phase), puis il rappellera avec soin, à chaque cavalier, la valeur de ses aides ; il lui fera comprendre que, lorsque le cheval *ralentira* contre sa volonté, il devra augmenter l'action des jambes, en diminuant le soutien de la main ; qu'il devra, au contraire, augmenter ce soutien, en diminuant la pression des jambes, toutes les fois qu'il cherchera à gagner en vitesse.

Les rênes du filet étant en partie destinées à combattre les résistances de l'arrière-main, le cavalier s'en servira *indépendamment de celles de la bride,* pour seconder l'action des jambes, chaque fois que l'animal refusera de céder à la pression de l'une ou de l'autre de ces dernières [1]; dans ce cas, elles devront toujours agir *dans la direction de la hanche rebelle,* le cavalier *soutenant* de l'autre rêne, pour éviter que l'animal ne cède de l'encolure pour se soustraire à la contrainte ; il préviendra en même temps tout ralentissement dans l'allure, au moyen de la jambe opposée à celle qui range les hanches.

L'instructeur fera faire de fréquents départs individuels et s'assurera toujours que la *position* donnée commande le galop sur le bon pied [2]; il veillera

[1] Voir l'Introduction, *Des aides du cavalier,* p. 25.
[2] Voir l'Introduction, *De l'action et de la position,* p. 22.

aussi à ce que l'*action* soit constamment entretenue,
afin que, en plaçant le cheval *il ne ralentisse pas l'allure
à laquelle il se trouve*, ce qui obligerait ensuite le cavalier à l'*enlever* pour le faire partir au galop ; faute
grave que celui-ci devra toujours éviter avec le plus
grand soin : c'est le cheval qui *prend* le galop, le
cavalier ne peut que l'y disposer. Il est donc très-
important que ce dernier distingue parfaitement les
aides qui donnent la *position* de celles qui entretiennent l'*action*.

Afin de faire plus sûrement l'application des principes ci-dessus énoncés, et d'éviter que les cavaliers
ne cherchent à enlever les chevaux qui manquent
d'action (les chevaux de troupe en manquent généralement), les premiers départs au galop se feront en
partant de l'allure du trot.

Il n'en sera pas de même pour les cavaliers qui travaillent isolément et qui auront bien saisi et appliqué les principes détaillés
dans le § 1er de cette leçon : ceux-là devront nécessairement
arriver à obtenir des départs légers en partant *du pas*; toutefois,
il n'y aurait pas grand inconvénient si, dans les commencements,
le cheval faisait une ou deux foulées au trot, avant de s'enlever.

Départs individuels et successifs. Les cavaliers marchant au pas et à main droite, à
l'avertissement de l'instructeur, le conducteur ajuste
ses rênes dans les deux mains, ainsi qu'il a été prescrit, et prend le trot ; il fait ensuite tenir à son cheval
un quart de hanche la tête au mur, en portant la main

un peu à gauche et en fermant la jambe gauche, sentant en même temps la rêne droite du filet, et actionnant le cheval de la jambe droite pour entretenir son allure; celui-ci étant calme et léger, le cavalier porte le poids du corps sur la partie gauche, et donne un surcroît d'action aux jambes (secondé au besoin par un appel de langue ou le contact de la cravache à l'épaule), tout en opposant la main en arrière à gauche, ce qui décidera l'animal à s'enlever sur le pied droit.

Ayant obtenu un départ juste, le cavalier s'empresse de remettre le cheval au pas, en redressant le corps, en élevant progressivement la main *de la bride* et en agissant un peu sur la rêne droite du filet, la jambe droite près pour empêcher le cheval de se traverser; il rejoint ensuite la queue de la colonne, en provoquant plusieurs départs successifs, toujours suivant les mêmes principes.

Chaque cavalier se met en marche à son tour, l'instructeur lui rappelant les moyens à employer pour partir juste, et ne le perdant pas de vue un seul instant, afin de pouvoir l'arrêter immédiatement s'il ne *place* pas bien son cheval, ou s'il l'a laissé partir sur le mauvais pied.

Ce travail est ensuite répété à main gauche, suivant les mêmes principes et par les moyens inverses.

10

Le cheval part quelquefois faux, quoique bien
placé : la faute en est le plus souvent au cavalier qui,
au moment où l'animal s'enlève, *cesse l'action de la
rêne et de la jambe déterminantes ;* il faut au contraire continuer énergiquement ce soutien, jusqu'à
ce que l'animal soit embarqué sur le bon pied.

Quant aux chevaux qui éprouvent plus ou moins
de difficulté à galoper sur un pied ou sur l'autre [1],
l'instructeur en fera une petite reprise supplémen-
taire, où quelques leçons données avec soin suffiront,
le plus souvent, pour faire disparaître toute irrégularité ; il ne négligera d'ailleurs rien pour se faire bien
comprendre et, à cet effet, il ne craindra pas de se
répéter quelques fois ; il s'adressera constamment à
l'intelligence du cavalier, afin que celui-ci parle à son
tour à l'intelligence de son cheval, par la *position*
préliminaire qu'il aura toujours soin de lui donner

---

[1] Il faut presque toujours chercher la cause de la résistance dans les
jarrets de l'animal. Tel cheval refuse de *s'enlever* sur le pied droit, et ga-
lopera pourtant très-légèrement sur ce pied si on l'embarque d'abord sur le
pied gauche, et qu'on lui fasse *changer de pied en l'air ;* tel autre s'enlèvera
au contraire très-facilement sur le pied droit, mais ne pourra s'y maintenir :
dans le premier cas, ce sera le jarret droit qu'il faudra examiner ; dans
le second, ce sera au contraire le jarret gauche. En effet, personne n'ignore
que dans le *premier* enlever au galop sur le pied droit, le membre postérieur droit quitte le sol *le dernier ;* qu'il est par conséquent forcé de supporter seul la masse pour la projeter en avant, tandis que cette mission
revient ensuite au membre gauche, qui en reste seul chargé dans *l'allure*
du galop à droite.

lorsqu'il voudra prendre une allure ou exécuter un mouvement quelconque.

Afin que ce travail ne fatigue pas les chevaux, l'instructeur consacrera une partie de chaque séance à répéter les mouvements de la troisième leçon et principalement les exercices sur les hanches.

Dès que le cavalier aura obtenu une certaine justesse dans les départs successifs, il fera en sorte de déterminer son cheval à s'enlever sur le bon pied en *se traversant* de moins en moins, afin d'arriver peu à peu à partir avec les hanches sur la même ligne que les épaules. Il lui laissera aussi faire tout le tour du manége sans l'arrêter, s'attachant seulement à le maintenir, aussi léger que possible; à cet effet, il produira de fréquents effets d'ensemble suivis parfois de descentes de main complètes.

Il exécutera ensuite des départs alternatifs sur l'un et sur l'autre pied, *en continuant de marcher à la même main;* dans ce cas, toutes les fois qu'il voudra partir sur le pied *du dehors*, il commencera par faire tenir au cheval un quart de hanche la croupe au mur, se conformant du reste aux principes qui lui ont été donnés pour le départ sur le pied *du dedans*; il lui fera faire ensuite quelques tours de manége sans l'arrêter, et le mettra parfois en cercle pour l'habituer à quitter la piste en marchant au galop; il l'habituera aussi peu à peu à partir sur le pied du dehors, sans le traverser.

Après quelques jours de ce travail, l'instructeur ayant obtenu de la régularité dans les départs successifs, les fera exécuter par toute la reprise ensemble,

Travail au galop en reprise.

10.

après avoir fait prendre de grandes distances ; il laissera ensuite faire quelques tours de manége sans
changer d'allure, pour confirmer les chevaux ; il
fera souvent changer de main diagonalement, mais
en faisant toujours passer au trot avant d'arriver à
la piste opposée.

Après la descente de main, les chevaux devront,
ainsi qu'au pas et au trot, rester ramenés et conserver
le même degré de vitesse ; les cavaliers ne leur laisseront faire qu'un ou deux pas au plus, et les reprendront immédiatement par un effet d'ensemble, pour
les empêcher de tomber sur les épaules.

Dès que les chevaux auront pris l'habitude de
partir sur le bon pied, l'instructeur fera exécuter des
départs, sans avoir fait d'abord prendre le trot ; puis
il fera répéter tout le travail précédent après avoir fait
croiser les rênes du filet dans la main droite ; enfin,
avec les rênes de bride seules. Il pourra aussi faire
exécuter des *doublers individuels* au galop, pour habituer les chevaux à se séparer les uns des autres en
marchant à cette allure.

Toutes les fois que le cavalier passera du galop au pas, il remettra le cheval dans son ensemble, au moyen de petites attaques en marchant, suivies *d'un effet d'ensemble avec toucher
des éperons.*

Le cheval étant toujours disposé à allonger son
allure au passage des coins, le cavalier fera bien de

soutenir la main de la bride au moment d'y arriver, et de faire quelques *demi-temps d'arrêt* après les avoir dépassés.

Si le cheval galope sur le pied *du dehors*, le cavalier aura soin de charger la partie du dedans, et de soutenir énergiquement de la rêne du filet du même côté, en glissant la jambe du dedans en arrière, afin d'empêcher l'animal de changer de pied ou de se désunir; il le soutiendra en même temps de la rêne et de la jambe du dehors, pour éviter qu'il ne tombe en dedans. Au bout de quelques jours, le cheval équilibré se soutiendra tout seul, et le cavalier pourra alors, pour le confirmer dans cet exercice, lui faire exécuter quelques voltes *à faux*, en décrivant de très-grands cercles. Dans ces mouvements il entretiendra la légèreté par le soutien moelleux de la main de la bride, et en engageant les membres postérieurs du cheval sous la masse, par des pressions successives des jambes (celle du dedans plus en arrière) au moment de chaque enlever, afin d'empêcher autant que possible le centre de gravité de se porter trop en avant.

Pendant ce travail, si le cavalier s'aperçoit que l'animal s'appuie trop sur la main ou qu'il reste *derrière les jambes,* il s'empressera de le faire passer au pas pour lui faire sentir les éperons; dans le premier cas, avec soutien de la main de la bride (phase intermédiaire); dans le deuxième, sans soutien (1re phase).

Nous recommandons le *travail à faux* d'une manière toute spéciale pour certains chevaux d'action, qui changent fréquemment de pied contre la volonté du cavalier, ou parce qu'ils galopent plus facilement sur un pied que sur l'autre, ou parce que le travail qui précède n'a pas été suffisant pour détruire certaines contractions de l'arrière-main.

Il est indispensable, dans le commencement du travail au galop, de permettre aux chevaux qui souffrent dans leur arrière-main, d'allonger et d'affaisser leur encolure afin de soulager la partie douloureuse, et de les engager ainsi à se fier à la main du cavalier. Il faut aussi éviter soigneusement avec ces chevaux, de passer *du galop au pas* et surtout d'arrêter en marchant au galop, avant que l'arrière-main ne soit suffisamment assouplie, pour que les membres postérieurs puissent s'engager aisément sous la masse et, par leur flexion, prévenir toute réaction pénible. Dans ce dernier cas en particulier, une pression progressive des jambes doit précéder le soutien moelleux de la main, afin de disposer les jarrets du cheval à s'engager convenablement.

Les progrès du cheval à l'allure du galop, sont subordonnés au plus ou moins de soins que le cavalier aura portés au travail au pas et au trot ; ces progrès seraient tout à fait nuls, si on tentait de ralentir l'allure et de la cadencer, avant d'avoir obtenu une harmonie parfaite entre les forces des différentes parties de l'animal : *sans progression pas d'équilibre, et sans équilibre, point de cheval dressé.*

§ 3. — Changement de pied.

L'instructeur ayant obtenu des départs justes, le ramener et une certaine légèreté au galop, on multipliera les changements de main diagonaux *en changeant d'allure avant d'arriver sur la piste opposée,* et l'on veillera à ce que les cavaliers disposent toujours exactement leurs chevaux, pour repartir sur l'autre pied, à la nouvelle main, sans perdre de temps.

Ce travail se pratiquant régulièrement, l'instructeur fera exécuter individuellement *le changement de pied en l'air*, après avoir fait aux cavaliers les recommandations suivantes : *le changement de pied devant toujours être la conséquence naturelle d'un changement de position*, il est indispensable que la nouvelle disposition des forces de l'animal soit donnée sans surprise *et surtout sans qu'il en résulte aucun ralentissement* dans l'allure [1], ce qui arriverait inévitablement si le cavalier, au moment d'intervertir l'ordre de ses aides, n'avait pas soin de provoquer un petit surcroît *d'action ;* car les forces employées pour produire cette transposition absorberont nécessairement une partie de l'action propre au cheval.

Changement de pied en l'air sur un changement de direction.

Le changement de pied sans arrêter s'exécutera de la manière suivante : le cavalier marchant au galop à main droite, commencera un changement de direction diagonal et, à deux ou trois pas de la piste opposée, il redressera le corps et glissera la jambe droite en arrière en portant la main de la bride un peu à droite ; il opposera en même temps la rêne droite du filet, pour retenir le côté droit tout en contribuant à combattre les résistances de la croupe, et actionnera le cheval de la jambe gauche près des sangles, afin de s'opposer au ralentissement de l'allure. Ces dis-

[1] Voir l'Introduction, *De la position et de l'action,* p. 23.

positions préliminaires étant prises, il suffira d'incliner un peu le corps à gauche et d'augmenter l'effet stimulant de la jambe droite pour provoquer le changement de pied; celui-ci s'étant effectué, le cavalier passera au pas, remettra le cheval dans son ensemble et le récompensera par une caresse.

Il repartira immédiatement au galop à la nouvelle main, et appliquera les mêmes principes en se servant des moyens inverses, pour passer du pied gauche sur le pied droit ; il rejoindra ensuite la queue de la colonne qui a continué de suivre la piste en marchant au pas.

Le changement de pied sera exécuté par tous les autres cavaliers successivement. L'instructeur leur rappellera, *de ne jamais rien demander sur la moindre résistance de la part du cheval* [1], ce qui les obligerait à faire des effets de force, susceptibles tout au plus de produire des *renversements* et non des changements de pied. *La position* donnée à l'animal sera toujours telle, qu'il changera de pied de lui-même, sans augmenter ni ralentir son allure, et sans sortir de la position du ramener.

En répétant quelquefois cet exercice, le cavalier pourra se dispenser de passer au pas après le changement de pied ; mais il fera en sorte de maintenir son cheval souple et léger au moyen de fréquents effets d'ensemble.

[1] Voir p. 33.

Les cavaliers qui voudront obtenir une grande justesse dans ce travail devront faire de nombreux départs au galop, alternativement sur le pied droit et sur le pied gauche, en continuant de suivre la piste à la même main, et en évitant autant que possible de traverser leurs chevaux pour *les placer*; à cet effet, ils feront en sorte d'arriver le plus tôt qu'ils pourront *à les faire partir avec la jambe droite, pour le galop à droite, et avec la jambe gauche. pour le galop à gauche,* ne se servant de l'autre jambe que pour régulariser l'effet produit par la première : un léger déplacement de la main de la bride devra suffire pour donner *la position*, et la jambe, par sa pression, aura pour mission de communiquer *l'action,* tout en contribuant à contenir les hanches du cheval sur la ligne des épaules.

Pour obtenir le changement de pied du cheval *équilibré*, les dispositions préliminaires recommandées plus haut (p. 152) sont tout à fait superflues. L'animal étant *rassemblé*, le plus léger déplacement de la main de la bride suffira pour le *placer*, et l'inclination du corps en sens inverse, secondée par l'action de la jambe du côté vers lequel s'est portée la main, pour provoquer le changement de pied. Il est bien entendu, [pour que ce changement puisse s'effectuer instantanément et à la volonté du cavalier, qu'il faut que celui-ci combine l'effet de ses aides avec les *foulées* du galop, de telle sorte que leur action soit transmise au cheval *au moment où le changement de pied est possible* ; celui-ci ne pouvant avoir lieu qu'à l'instant où le corps du cheval *est en l'air,* c'est à ce moment précis que l'inclination du corps doit décider l'animal à changer de pied. Quant au déplacement de la main et à l'action de la jambe, *ils doivent précéder un peu* cette inclination et correspondre avec la troisième foulée, c'est-à-dire avec *l'appui* du membre antérieur qui, par sa détente, renvoie la masse en l'air [1].

---

[1] Membre droit pour le galop à droite, et *vice versâ.*

Ainsi que pour le *départ* au galop, *lorsque le cheval est parfaitement équilibré*, un déplacement presque imperceptible de la main de la bride est suffisant pour donner *la position*. C'est ce qui explique pourquoi, depuis quelque temps, M. Baucher, lorsqu'il veut obtenir *la perfection* du changement de pied, se sert de la jambe *droite* pour passer du pied gauche sur le pied droit, et *vice versâ* : cette jambe, dans ce cas, a pour mission d'entretenir *l'action*, en même temps qu'elle empêche l'animal de se traverser. L'inclinaison à peine sensible du corps du cavalier provoque ensuite le changement de pied, qui se fait avec une régularité et une grâce parfaites.

Cette manière de changer de pied est surtout avantageuse pour l'exécution de certains airs de haute-école créés par M. Baucher. Elle exige naturellement comme condition *sine quâ non*, un cheval parfaitement soumis au *rassembler*.

Tous les cavaliers ayant compris le mécanisme du changement de pied, l'instructeur le fera exécuter successivement en reprise ; dans ce cas il leur recommandera de redresser le corps et d'opposer la rêne et la jambe qui ont servi à placer l'animal pour le départ au galop, jusqu'au moment où ils jugeront convenable d'effectuer *le changement de position*, afin d'empêcher les chevaux d'agir par imitation.

C'est ici que s'arrêtera le dressage proprement dit *du cheval de troupe*, qui devra être souple, léger et maniable à toutes les allures, si l'instructeur a su bien interpréter la progression que nous venons de prescrire. Il restera à former les chevaux au travail d'ensemble, à les façonner aux sauts d'obstacles et à les habituer au feu ; ceci fera le sujet de la *IIe Partie* de cet Essai, et l'application en sera aussi simple que tout le travail détaillé dans la *Ire Partie*.

Comme notre Progression n'est pas uniquement destinée à servir de guide d'instructeur, avant de quitter cette première partie, qui a pour but d'ébaucher pour ainsi dire l'éducation du cheval de selle, nous consacrerons quelques pages aux moyens à employer pour donner plus de fini à cette éducation, lorsqu'elle est entreprise *par un cavalier remplissant les conditions voulues pour mener à bonne fin, une tâche qui, nous le répétons, est loin d'être à la portée de tout le monde.*

§ 4. — Travail sur les hanches (au galop).

Les exercices prescrits par les chapitres précédents, ont dû amener progressivement le cheval le plus grossier, à une certaine légèreté et à une souplesse relative, qui permettront au cavalier de le manier avec facilité à toutes les allures. Son dressage, comme cheval de selle, se trouve donc terminé, ou peu s'en faut, puisqu'il ne reste plus qu'à lui apprendre à franchir des obstacles.

Toutefois, le cavalier qui a une juste idée de l'équilibre *absolu* [1] et des jouissances qu'il procure à l'écuyer assez habile pour l'obtenir, ne voudra-t-il peut-être pas s'arrêter en si beau chemin ; aussi, tout en lui criant *casse-cou*, allons-nous faire de notre mieux pour le guider au milieu des écueils qu'il pourra trouver sur sa route, et lui épargner la déception d'échouer au port.

Le travail sur les hanches (en dressage) présente des difficultés

[1] Voir p. 20.

dont peu de personnes se rendent compte ; on se méprend généralement sur son but, qui n'est point de faire ressortir le tact et
l'adresse du cavalier, ou de faire parade des moyens du cheval :
c'est un exercice *d'assouplissement* et rien de plus. Le cheval
qui est à même de l'exécuter avec grâce et légèreté, est aux trois
quarts *mis,* et ce ne sera plus qu'une question de temps pour
l'amener aux mouvements les plus compliqués de la haute équitation.

Pour que le travail soit bien fait, il faut que le cheval reste dans
la main, que ses épaules et ses hanches soient constamment sur la
même ligne, et que ses membres chevauchent avec aisance l'un
par-dessus l'autre, sans jamais se rencontrer; il faut encore, pour
qu'il manie avec élégance, qu'il ait l'encolure légèrement ployée
de manière à regarder le côté vers lequel il appuie. Alors l'animal
aura acquis cette souplesse, ce fini, qui lui permettront de répondre
avec facilité aux mouvements les plus imperceptibles du cavalier.
Voilà donc le but vers lequel celui-ci devra désormais tourner
tous ses efforts, et, en suivant avec tact et intelligence la gradation
indiquée dans ce chapitre et dans le chapitre suivant, nous
croyons pouvoir lui garantir d'avance le succès le plus complet.

Avant de commencer *le travail sur les hanches* au galop, le cavalier devra répéter avec soin tous les exercices et les mouvements de deux pistes au pas et au trot, de manière à obtenir une
grande régularité dans leur exécution, en ne faisant usage que
des rênes de la bride, tant pour *placer* le cheval que pour la production des effets d'ensemble par des oppositions diagonales ; il
passera ensuite au galop, en observant la progression suivante :

*Travail
sur
les hanches.*   Pour tenir une hanche au galop *sur le pied droit,* le cavalier,
ayant commencé un changement de direction diagonal et se
trouvant à deux ou trois pas de la piste opposée, fixera la main
de la bride en arrière à gauche, pour ralentir la marche de l'é-
paule gauche, et appuiera la jambe gauche en arrière, pour forcer
les hanches à fuir à droite; il fera en même temps une *opposition*
de la rêne gauche du filet dans la direction de la hanche gauche

pour seconder l'action de la jambe. Afin que cette nouvelle disposition donnée aux forces du cheval n'occasionne pas une diminution dans l'allure, la jambe droite, près des sangles, entretiendra le mouvement (action).

En arrivant sur la piste, le cavalier mettra le cheval au pas, *lui fera sentir délicatement les éperons* [1] pour le remettre dans son ensemble, et le disposera immédiatement pour partir au galop sur le pied gauche ; la légèreté s'étant produite au galop, il recommencera un changement de direction diagonal, qu'il terminera par des pas de côté, comme le premier, et en employant les moyens inverses.

Il complétera peu à peu ce mouvement, ainsi qu'il a été prescrit au pas et au trot.

A mesure que le cheval deviendra plus souple et que les hanches céderont plus facilement à l'action de la jambe déterminante, le cavalier se servira moins des rênes de filet, de manière à s'en passer tout à fait le plus tôt possible. Il se rappellera du reste les observations relatives au travail sur les hanches au pas et au trot et au changement de direction diagonal au galop, qui sont surtout applicables ici.

Lorsque le mouvement s'exécutera régulièrement et sans que le cheval sorte de la main, le cavalier le terminera *par un changement de pied* (p. 151) en arrivant sur la piste, et autant que possible, après avoir passé le coin seulement, afin d'empêcher l'animal de changer tout seul ; il tiendra à ce sujet, un compte exact des recommandations qui lui ont été faites pour tourner un coin *à faux* (p. 149). Il va sans dire qu'il exercera davantage le côté qui présentera le moins de souplesse.

Changement de pied après le changement de direction.

L'instructeur mettra aussi parfois *l'épaule en dehors* et *l'épaule en dedans* en marchant au galop, n'exigeant qu'un quart de hanche au plus dans le commencement, afin d'éviter la fatigue qui nuirait aux progrès du cheval. Lorsque celui-ci rangera convenablement

Épaule en dehors et épaule en dedans.

[1] Voir p. 139.

ses hanches, le cavalier pourra lui faire exécuter les figures de manège prescrites dans les leçons précédentes. (*Pl.* XIII.)

Demi-volte ordinaire.

La demi-volte ordinaire se commence au pas, et se termine par deux ou trois foulées au galop; on suivra du reste la progression indiquée pour *le changement de direction sur les hanches* (p. 156).

Contre-changement de main.

Dans le *contre-changement de main*, le cavalier passera au pas avant de changer de pied pour retourner vers la piste; plus tard, il changera de pied *en l'air*. En rentrant sur la piste il se conformera également à ce qui a été recommandé pour le changement de direction (p. 157).

Demi-volte renversée.

La *demi-volte renversée* étant un mouvement assez difficile à exécuter au galop, le cavalier devra se rappeler ce qui a été prescrit pour empêcher le cheval de changer de pied dans le *travail à faux* (p. 149), et s'éloigner assez de la piste pour ne pas être obligé de le faire tourner trop court pour y rentrer.

Changement de main renversé.

Cette recommandation s'applique également au *changement de main renversé.*

Dans tous ces mouvements, qui ne sont point de simples parades de manège, mais bien des exercices destinés à asservir les forces de l'animal, le cavalier devra être peu exigeant au commencement, le travail sur les hanches, au galop surtout, étant difficile et fatigant; il multipliera *les effets d'ensemble*, les *effets diagonaux* et les *descentes de main,* afin de maintenir toujours le cheval calme et soumis; il se servira *des attaques* pour entretenir sa légèreté.

Changement de pied sur la ligne droite.

Enfin, en augmentant ses exigences, il s'attachera à perfectionner de plus en plus l'exécution de ces mouvements, qui amèneront peu à peu une grande souplesse dans l'arrière-main, et une harmonie parfaite entre les forces des différentes parties de l'animal.

Le cavalier pourra alors exercer son cheval à changer de pied *sur la ligne droite*; à cet effet, il fera une application exacte des principes prescrits dans le chapitre précédent (p. 153):

Pour commencer ce travail, il aura soin de mettre le cheval

sur la piste, afin d'avoir plus de facilité pour le maintenir droit ;
dans ce cas, lorsque la jambe *du dehors* se portera en arrière,
l'autre jambe devra s'opposer à ce que les hanches tombent en
dedans.

Si, au moment de glisser la jambe en arrière, le cavalier remar-
quait chez le cheval une tendance *à forcer la main* en s'appuyant
dessus, il éviterait de continuer l'action, et attendrait la légèreté,
en soutenant énergiquement la main. Si, au contraire, l'animal se
disposait à se mettre *derrière les jambes,* comme il n'aurait pas
l'action voulue pour que le changement de pied pût s'effectuer,
le cavalier diminuerait au contraire le soutien de la main, et
augmenterait la pression des jambes, en se servant même des
éperons au besoin pour remettre les forces en équilibre ; bref, il
évitera de changer de pied sur la moindre résistance, se rappelant
toujours que *c'est le cheval qui change de pied,* et que le cavalier
ne change que la *position.* De cette manière il sera dispensé de
produire tous ces mouvements de corps si disgracieux, qui, en
dérangeant l'équilibre, empêchent l'animal de bien faire.

Il est inutile désormais de compliquer le travail par de nouvelles
exigences : le cavalier, en répétant tous les jours les mouvements
et exercices précédents, s'attachera à en perfectionner de plus
en plus l'exécution.

Pour obtenir ensuite *l'équilibre parfait,* c'est-à-dire, la légèreté
et la justesse indispensables pour exécuter avec régularité les airs
et figures de *haute-école,* il faudra nécessairement augmenter
encore le degré de concentration des forces. Le chapitre qui suit
indique la marche à suivre pour atteindre ce résultat.

§ 5. — Du rassembler [1].

Pour obtenir la légèreté parfaite dont nous venons de parler, celle qui caractérise les chevaux dressés par M. Baucher ou par ceux de ses disciples possédant à fond son admirable méthode, il faut avoir recours à un travail particulier, qui, nous le répétons, n'est pas à la portée de tout le monde, car il exige impérieusement du tact et une grande habitude du dressage : nous voulons parler du *rassembler*.

Quiconque n'a dressé d'après les nouveaux principes, ne peut se rendre un compte exact du véritable *rassembler*. Nous ne craignons pas de trop nous avancer, en affirmant qu'il est de toute impossibilité d'amener les forces du cheval au degré de concentration voulu, sans avoir fait subir au préalable à ce dernier tous les assouplissements enseignés par la méthode, et qui, pour la plupart, n'ont jamais été pratiqués avant l'apparition de celle-ci.

Le *mot* rassembler, il est vrai, était connu depuis longtemps ; mais il indiquait un simple avertissement donné au cheval, une sorte de commandement, *garde à vous*, que lui adressait son cavalier pour le prévenir qu'il allait lui demander quelque chose. A cet effet, ce dernier *élevait un peu la main en la rapprochant du corps et tenait les jambes près*, pour se conformer aux prescriptions de l'ancienne école et en particulier de l'ordonnance de cavalerie ; et immédiatement, le cheval impressionnable, de se tourmenter, de sortir de la main ; le cheval ramingue, quinteux, de disposer ses forces pour la résistance ; le cheval froid..... de rester impassible, sans même déplacer un milligramme de son poids pour se préparer à satisfaire aux exigences de son maître ! Et pouvait-il en être autrement, lorsque cette ordonnance défendait au cavalier de faire usage de l'éperon autrement que comme d'un moyen de *châtiment*... en s'en servant toujours *vigoureusement*, et en le laissant *fixé au flanc* jusqu'à parfaite obéissance !...

[1] Voir p. 54.

Que de chevaux rétifs, et que de cavaliers estropiés, grâce à ces intelligentes recommandations !

Mais de semblables absurdités ne se commentent pas ; aussi laisserons-nous les admirateurs des anciens errements se servir des éperons à leur façon, et rassembler leurs chevaux comme ils l'entendent, sans nous y arrêter davantage.

Quant à nous, nous dirons que le cavalier *rassemble* son cheval, lorsqu'il le met dans des conditions de pondération telles, qu'il puisse instantanément exécuter, avec *légèreté*, les mouvements les plus compliqués. Dans ce cas aussi, une opposition graduée et ménagée de la main et des jambes suffira pour produire le *rassembler*, mais après que l'animal aura été soumis à un travail méthodique de concentration qui, en assouplissant et en harmonisant toutes ses parties, les aura mises à même de répondre spontanément et sans aucun effort, à la position sollicitée par les aides.

Ainsi que nous l'avons dit dans notre Introduction, le cavalier qui possède une grande finesse de tact acquise par une longue pratique, peut seul se proposer le rassembler *parfait* de sa monture, surtout lorsque la nature n'a pas été très-prodigue à l'égard de celle-ci ; encore, dans ce dernier cas, quels que puissent être d'ailleurs son tact et son savoir-faire, faudra-t-il qu'il sache proportionner ses exigences aux moyens de son cheval, s'il ne veut s'exposer à perdre, en très-peu de jours, tout le fruit de son travail.

Il est impossible de prétendre au titre d'écuyer, si l'on n'est en état d'obtenir le rassembler ; car c'est cette disposition toute particulière donnée au centre de gravité, qui permet à l'animal d'exécuter avec grâce, avec élégance, toutes les difficultés de la haute équitation.

Afin de faire ressortir autant que possible les conditions préliminaires que devra remplir tout cheval destiné à être soumis à ce travail de concentration, nous rappellerons à nos lecteurs ce qui a été dit à l'article *Du mouvement et de l'équilibre* (p. 17) : on y a vu que, pour se rendre maître des forces du cheval en les op

11

posant les unes aux autres, il a fallu tout d'abord assouplir ses différentes parties, afin de leur permettre de céder facilement à la moindre action des aides ; mais on y a remarqué aussi, que l'équilibre des forces (résultat d'oppositions judicieuses des aides), suffisant pour les besoins ordinaires de l'équitation, devait être combiné avec l'équilibre *du poids,* pour permettre au cheval d'exécuter sans efforts, les airs compliqués de l'équitation sérieuse (haute école). Or on a expliqué comment on obtient ce dernier équilibre, en modifiant la répartition du poids de manière à le distribuer *également* sur les quatre supports, afin d'alléger les parties surchargées ; puis, l'équilibre produit, en continuant à diminuer graduellement la base de sustentation, afin de le rendre aussi instable que possible. Il y a là des détails dont la perception n'est possible qu'à ceux que des études pratiques ont familiarisés avec une série de petits effets de tact, sur lesquels repose du reste le véritable succès en équitation.

L'écuyer qui est parvenu à fixer ainsi au milieu, le *centre commun des forces et du poids,* de manière à ne lui permettre que des oscillations presque imperceptibles, aura mis son cheval au *rassembler,* et constitué cette *balance hippique* au moyen de laquelle tous les mouvements les plus compliqués seront exécutés avec facilité, et, pour ainsi dire, sans fatigue pour l'animal.

Pour faire mieux comprendre ce qui va suivre, nous n'avons pas craint de nous répéter, en rappelant des principes déjà développés dans la partie explicative de notre travail. Maintenant, passons à l'exécution :

Effets préliminaires du rassembler.

Le cheval *étant parfaitement ramené et se renfermant sans difficulté sur les éperons* (conditions indispensables), le cavalier s'y prend de la manière suivante pour le soumettre aux premiers *effets de rassembler :* après l'avoir mis en mouvement sur la piste, au pas, il fait en sorte de ralentir graduellement la marche des membres antérieurs, par un soutien moelleux de la main, accélérant en même temps celle des extrémités postérieures, par un petit surcroît d'action imprimé au moyen des jambes ; dès

Pl. XII. p.162

1. Le rassembler poussé dans ses dernières limites
2. Une descente de main sur la demi-hanche.

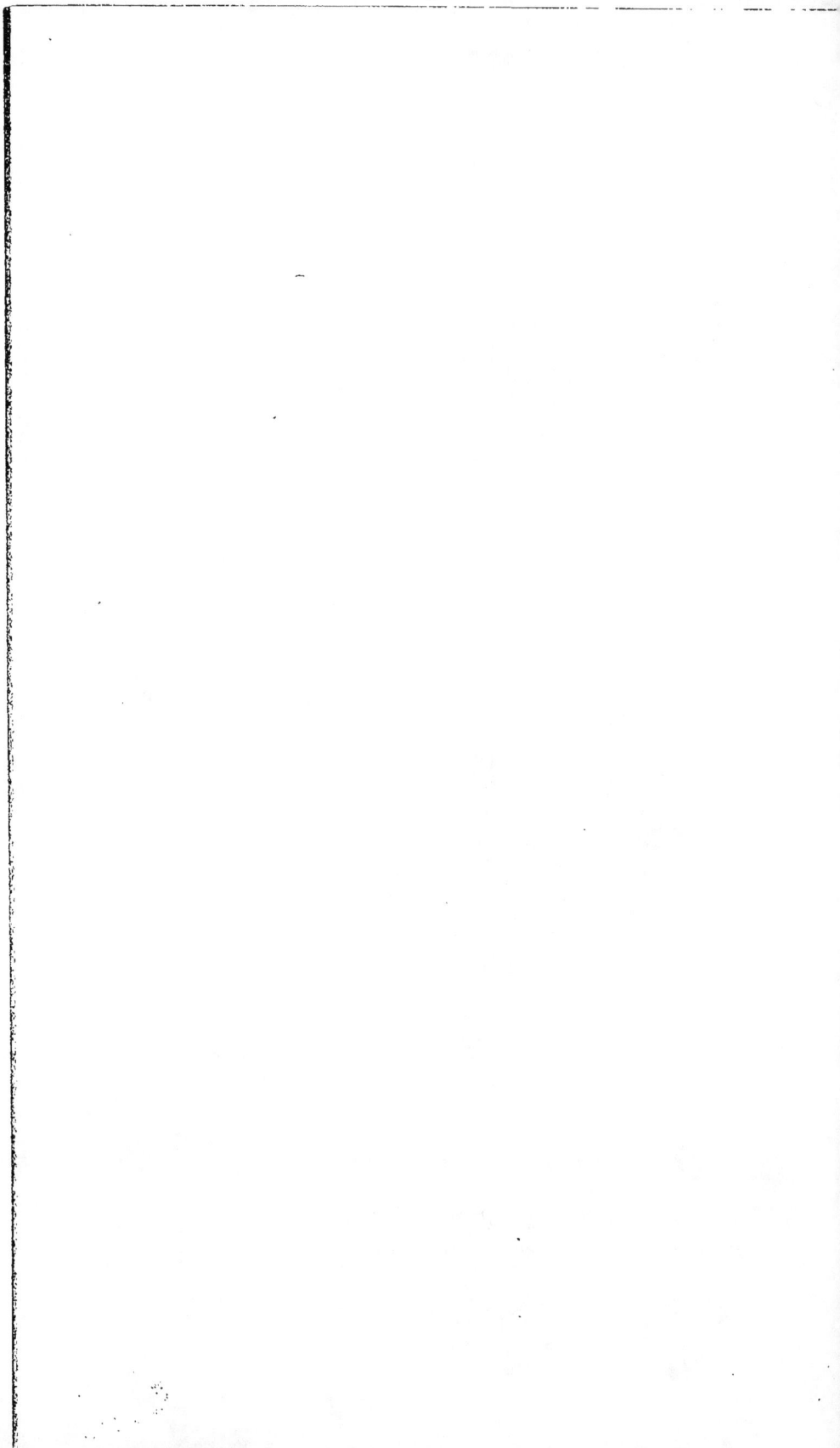

que le cavalier s'aperçoit du moindre rapprochement des extrémités (résultat qui se manifeste d'abord par une petite élévation
de la croupe, qui disparaît à mesure que les membres postérieurs
s'engagent sous la masse), il provoque un effet d'ensemble, qu'il
fait suivre d'une descente de main complète, pour récompenser
le cheval; après quelques pas, il recommence les mêmes effets,
s'attachant à maintenir le cheval droit, aussi calme que possible,
et en évitant toute action rétrograde de la main de la bride, ce
qui produirait l'acculement.

Ces oppositions en marchant devront être renouvelées pendant
plusieurs jours, à l'une et à l'autre main, le cavalier y consacrant
la fin de chaque séance. Le cheval y répondant convenablement,
on le soumettra (toujours en marchant) à des attaques délicates par
effets diagonaux, avec soutien de la main ; et dès qu'il se renfer-
mera sans résistance en engageant légèrement ses extrémités postérieures, on passera au travail *de pied ferme*. Ayant arrêté le
cheval bien droit sur la piste et ayant obtenu le ramener par un
effet d'ensemble, le cavalier soutiendra la main de la bride et
produira une certaine *vibration* de jambes destinée à imprimer à
l'animal un soupçon de mobilité en place. Si cette mobilité s'est
produite sans qu'il ait reculé, sans qu'il se soit traversé et surtout
sans qu'il ait cherché à forcer la main, le cavalier le remettra en
mouvement, en faisant un effet d'ensemble suivi d'une descente
de main et d'une caresse; il recommencera un instant après ;
mais il cessera au bout de quelques minutes, pour ne pas surexciter et dégoûter le cheval.

Ce travail, ainsi que nous l'avons dit, a pour but, en conservant le ramener, d'engager progressivement les membres postérieurs sous la masse, afin de les mettre à même de recevoir le
poids dont sont surchargées les épaules; puis, en augmentant la
concentration, de rapprocher insensiblement les extrémités,
Pl. XII, *fig.* 1.

Dans les premiers temps, le cavalier, à moins d'être doué d'un
tact extraordinaire, ne s'apercevra guère d'un rapprochement bien

11.

sensible ; mais ce rapprochement s'effectuera, et huit jours ne se seront point écoulés, que déjà le résultat se sera fait sentir ; alors seulement il cherchera à produire la *cadence*, en réglant cette mobilité par des pressions alternatives des jambes, de telle sorte, que chacune agira au moment où le membre antérieur du même côté arrivera au *poser* ; pendant ce temps, la main de la bride restera soutenue, pour empêcher le cheval d'avancer, et d'obliger les jarrets à agir plutôt de bas en haut, que d'arrière en avant.

Bientôt l'action des jambes sera devenue insuffisante pour continuer le rapprochement des extrémités : on se servira alors de petites attaques délicatement pratiquées, d'effets d'ensemble et d'effets diagonaux avec contact des éperons.

Nous le répétons, il est de la dernière importance d'agir avec ménagement, et de demander très-peu de chose, jusqu'à ce que le cheval ait bien compris.

Tous les chevaux n'étant pas susceptibles d'être rassemblés au même degré, il est indispensable de n'exiger que ce que la conformation de chacun permettra d'obtenir. En agissant différemment, on ne tarderait pas à provoquer des défenses, et l'on se mettrait dans l'impossibilité absolue d'atteindre le but qu'on s'est proposé.

Piaffer.   Le cavalier qui sera arrivé à produire, en place, une cadence gracieuse, après avoir diminué la base de sustentation sans que le cheval ait perdu de sa légèreté, aura obtenu le *piaffer*, et pourra désormais résoudre avec une grande perfection toutes les difficultés si séduisantes de la haute équitation ; car il aura mis les forces du cheval sous son entière dépendance, *en se rendant maître de diriger à son gré les moindres oscillations du centre de gravité.*

Il arrive fréquemment que le cheval, sollicité par les jambes et retenu par la main, commence par *fixer* les membres antérieurs sur le sol, puis se mobilise *en se portant un peu en arrière*, malgré la pression des jambes. Ceci est un commencement *d'acculement*, car les membres postérieurs sont sortis de leur ligne d'aplomb. Il faut immédiatement cesser *l'effet de rassembler*, tout en continuant l'action des jambes par un petit *pincer* bien délicat sans soutien de la main d'abord, et peu à peu, avec un soutien moelleux de la main de la bride, et ne chercher la *cadence*, que lorsque les membres postérieurs sont rentrés dans leur ligne d'aplomb. De plus, il faut avoir soin de provoquer toujours un petit mouvement en avant, et de ne recommencer l'effet de rassembler, que sur une certaine mobilité préalable des membres antérieurs. Faute de prendre ces précautions, le cavalier verrait bientôt son cheval, contenu par la main et excité par les jambes, chercher à se soustraire à toute contrainte en s'enlevant du devant (surtout s'il a les jarrets sensibles) ou en se livrant à toute autre défense. Il ne serait peut-être pas hors de propos de le porter en avant et de lui faire faire quelques tours de manége au trot allongé, en lui permettant d'*étendre l'encolure le plus possible*, pour le disposer à porter sur les épaules l'excédant de poids qui charge l'arrière-main.

Pour commencer le travail du rassembler, il est urgent d'avoir des molettes peu acérées.

Il est bien rare de trouver un cheval engageant *également* ses deux membres postérieurs sous la masse, dès le commencement de ce travail; mais on corrige cette irrégularité, en continuant les assouplissements *par effets diagonaux* et en insistant sur l'attaque du côté de la jambe rebelle.

Comme le défaut que nous venons de signaler peut provenir d'une gêne, dans un jarret par exemple, il est utile de laisser au cheval la faculté de prendre l'élévation de tête et d'encolure qui lui convient, afin qu'il lui soit plus facile d'opérer les translations de poids nécessaires pour soulager la partie souffrante; pourvu que cette attitude ne s'oppose pas à la production et à la conservation de l'équilibre.

Les limites que nous nous sommes tracées dans la rédaction de notre Progression, ne nous permettent pas de nous étendre plus longuement sur un sujet qui se trouve d'ailleurs traité en détail dans les ouvrages spéciaux ; nous y renvoyons le lecteur.

Nous nous contenterons de donner, pour mémoire, la nomenclature des airs nouveaux de haute école dont M. Baucher a doté l'équitation, et que nous trouvons dans ses œuvres complètes, p. 362. Ces airs savants et gracieux ne sont sans doute pas le dernier mot de l'inimitable écuyer, car on nous annonce la prochaine publication d'une *onzième* édition, entièrement refondue, de ses remarquables ouvrages, et nous savons par avance, que ce travail nous révélera un certain nombre de découvertes et d'innovations les plus intéressantes au point de vue de l'art et de la science équestres.

Voici la série des airs de manége créés par M. Baucher :

1° Flexion instantanée et maintien en l'air de l'une ou l'autre extrémité antérieure, tandis que les trois autres restent fixées sur le sol ;

2° Mobilité des hanches, le cheval s'appuyant sur les jambes de devant, pendant que celles de derrière se balancent alternativement l'une sur l'autre ; la jambe postérieure qui est en l'air exécute son mouvement de gauche à droite, sans toucher la terre, pour devenir pivot à son tour, sans que l'autre se soulève ; puis elle exécute le même mouvement ;

3° Passage instantané du piaffer lent au piaffer précipité, et *vice versâ;*

4° Reculer avec une élévation égale des jambes transversales, qui s'éloignent et se posent en même temps sur le sol, le cheval exécutant le mouvement avec autant de franchise et de facilité que s'il avançait, et sans le secours apparent du cavalier ;

5° Mobilité instantanée et en place des deux jambes par la diagonale : le cheval, après avoir levé les deux jambes opposées, les porte en arrière pour les ramener ensuite à la place qu'elles occupaient, et recommence le même mouvement avec l'autre diagonale ;

6° Trot à extension soutenue : le cheval, après avoir levé les jambes, les porte en avant en les soutenant un instant en l'air, avant de les poser sur le sol ;

7° Trot serpentin : le cheval tournant à droite et à gauche, pour revenir à peu près à son point de départ, après avoir fait cinq ou six pas dans chaque direction ;

8° Arrêt sur place, à l'aide des éperons, le cheval étant au galop ;

9° Mobilité continue en place de l'une des extrémités antérieures, le cheval exécutant, par la volonté du cavalier, le mouvement par lequel il manifeste souvent de lui-même son impatience ;

10° Reculer au trot, le cheval conservant la même cadence et les mêmes battues que dans le trot en avant;

11° Reculer au galop, le temps étant le même que pour le galop ordinaire ; mais les jambes antérieures, une fois élevées, au lieu de gagner du terrain, se portent en arrière pour que l'arrière-main exécute le même mouvement rétrograde aussitôt que les extrémités antérieures se posent à terre ;

12° Changement de pied au temps, chaque temps de galop s'opérant sur une nouvelle jambe ;

13° Pirouettes ordinaires sur trois jambes, celle du devant du côté vers lequel on tourne restant en l'air pendant toute la durée du mouvement ;

14° Reculer avec temps d'arrêt à chaque foulée, la jambe droite du cheval restant en avant, immobile et tendue de toute la distance qu'a parcourue la jambe gauche, et *vice versâ* ;

15° Piaffer régulier avec un temps d'arrêt immédiat sur trois jambes, la quatrième restant en l'air ;

16° Changement de pied à intervalles égaux, le cheval restant en place ;

17° Piaffer en avant et en arrière sans rênes ;

18° Galop en arrière sans rênes ;

19° Mouvement d'avant en arrière et d'arrière en avant des jambes transversales ;

20° Galop sur trois jambes ;

21° Piaffer *dépité* ;

22° Ronds de jambes ;

23° Jambes de devant croisées en dedans;

24° Élévation, avec temps d'arrêt, de chaque jambe de derrière ;

25° Balancer du derrière et piaffer du devant au reculer ;

26° Tension des jambes de devant et flexion des jambes de derrière ;

27° Piaffer balancé du derrière et *dépité* du devant ;

28° Tension en dehors des jambes de devant alternées en reculant ;

29° Éloignement des jambes de devant des jambes de derrière, et rapprochement des jambes de derrière de celles de devant ;

30° Balancer de droite à gauche au piaffer, alterné avec un mouvement de va-et-vient d'arrière en avant et d'avant en arrière ;

31° Travail au galop sur les hanches avec changement de pied au temps.

« En présentant la nomenclature de toutes ces difficultés, qui grandissent l'équitation et que j'ai exécutées en public, ajoute M. Baucher, les amateurs me feront le reproche de ne pas faire connaître les moyens par lesquels on obtient tous ces mouvements ; mais ce n'est pas possible, puisqu'ils constituent la poésie de l'équitation, et pour devenir poëte équestre, il faut de l'imagination, du sentiment et du tact ; c'est assez dire que leur exécution forme une équitation qui devient personnelle, qui ne peut être le partage que de l'homme studieux auquel il suffit de savoir qu'une chose est faisable pour qu'il l'entreprenne et la conduise sûrement à bonne fin ; il cherchera et deviendra innovateur, à son insu ; toute définition l'embrouillerait plutôt qu'elle ne lui servirait. Je ne donnerai donc qu'un seul principe général, c'est *qu'il ne faut aborder ces difficultés qu'après avoir complétement terminé l'éducation du cheval.* »

En indiquant une progression rationnelle et *tout à fait applicable au dressage des chevaux de troupe ;* en donnant, d'un autre côté, les moyens d'arriver *au dressage plus parfait* du cheval de selle en général, nous ne croyons avoir rien négligé pour atteindre le but que

nous nous sommes proposé en publiant cet Essai.
Toutefois, nous répétons ce que nous avons dit au
lecteur dans la préface de ce livre, savoir : que nous
n'avons pas la présomption de présenter notre Progression comme un ouvrage au moyen duquel le premier cavalier venu pourra désormais se passer de
maître, pour dresser son cheval suivant la méthode
Baucher. Nous la recommandons simplement à tous
les cavaliers (le nombre en est grand, dans l'armée
surtout) qui possèdent déjà les éléments de la méthode, mais qui n'ont pas été, comme nous, assez
heureux pour puiser leurs principes à la source même.

La manière de faire les flexions et la gradation à
suivre pour le toucher des éperons, devront toujours
et quand même être enseignées par un maître; mais ce
maître ne manquera pas, puisqu'il n'est pas un régiment
de cavalerie où il ne se trouve un ou plusieurs officiers
pratiquant régulièrement les principes nouveaux.

Nous ne terminerons pas notre exposé de la nouvelle méthode d'équitation, sans témoigner à l'auteur
de cette admirable découverte, toute notre gratitude
pour le soin particulier qu'il a mis à compléter notre
instruction équestre. Grâce à lui, nous avons enfin
cessé de marcher dans les ténèbres, qu'une longue
pratique et un travail des plus opiniâtres n'avaient
pu parvenir à dissiper. Qu'il reçoive ici nos sincères
remercîments.

Récapitulation de la quatrième leçon.

AIDE - MÉMOIRE.

1° *Répétition du travail sur les hanches, au pas et au trot ; toucher fréquent des éperons sans soutien de main (1re phase)* (p. 128). *Effets d'ensemble avec contact des éperons, après l'exécution de chaque mouvement et en marchant au pas sur la piste* (p. 139). *Départs individuels et successifs au galop, sur le pied du dedans* (p. 142). *Reculer (éviter l'acculement).* (4 séances).

2° *Exécution de quelques mouvements sur les hanches, au pas et au trot ; quelques effets d'ensemble avec toucher des éperons, d'abord en marchant, ensuite de pied ferme* (p 139). *Départs successifs et alternatifs sur le pied du dedans et sur le pied du dehors* (p. 147). *Quelques tours au galop sans arrêter, à l'une et à l'autre main, individuellement, puis en reprise* (p. 147). (4 séances environ).

3° *Perfectionnement du travail sur les hanches, au pas et au trot ; fréquents départs au galop, alternativement sur l'un et l'autre pied* (p. 147). *En passant au pas après chaque départ, attaques délicates en marchant, avec soutien de main (phase intermédiaire), et suivies d'un effet d'ensemble avec pression des éperons* (p. 139). *Changement de pied à la fin d'un changement de direction diagonal* (p. 151). (7 séances environ).

Préparation à la haute école : travail sur les hanches au galop (p. 155). *Départs au moyen de la jambe directe* (p. 153). *Changement de pied sur la ligne droite* (p. 153). *Effets de rassembler* (p. 162), *pendant cinq minutes seulement. Piaffer* (p. 164).

Le temps consacré à ce travail sera en raison directe du degré de tact du cavalier, et dépendra aussi de la nature et de la conformation du cheval.

APPENDICE.

___

Chevaux exceptionnels.

Cheval qui se cabre ; — qui rue ; — qui s'accule ;
— qui s'emporte ; — qui se dérobe ; — qui bat à la main ;
— qui porte au vent ; — qui s'encapuchonne.

Nous aurions pu nous dispenser de parler de chevaux *exceptionnels,* n'ayant fait que reproduire, en termes vulgaires, les principes équestres si brillamment énoncés par M. Baucher ; l'inventeur de la nouvelle méthode de dressage n'admettant pas l'existence de ces chevaux. Nous partageons entièrement sa manière de voir, ne l'eût-il pas maintes fois appuyée sur des preuves irrécusables. Aussi, en leur consacrant ici un chapitre particulier, n'entendons-nous point parler de chevaux faisant exception aux règles absolues que nous venons de détailler ; mais seulement de ceux qui, par leur conformation et leurs instincts, réclament de la part des cavaliers qui entreprennent leur éducation, des soins particuliers et des précautions *tout exception-nelles ;* de ceux enfin que les instructeurs devront faire travailler à part et toujours sous leur surveil-

lance immédiate, s'ils veulent en tirer un parti convenable.

Nous rangeons dans cette catégorie tous les chevaux qui se défendent d'une manière quelconque
contre les aides du cavalier.

Si l'on s'est bien rendu compte de l'équilibre,
ainsi que l'entend la nouvelle école, on comprendra
aisément qu'il est impossible au cheval assoupli et
équilibré de résister d'une manière sérieuse. En effet,
toute résistance nécessite des points d'appui momen-
tanés, toujours faciles à détruire lorsqu'on s'est
rendu maître du centre de gravité.

Il n'en est pas de même chez le jeune cheval, chez
celui dont l'éducation n'est pas achevée et qui, soit
par faiblesse, conformation défectueuse et mauvais
instinct, se livre à des désordres qui doivent être réprimés dès le début, et réclament par conséquent une
aptitude toute particulière.

Nous ne parlerons naturellement pas des chevaux
qui se défendent (et c'est le plus grand nombre), par
suite d'un manque d'harmonie provoqué par un
mauvais emploi des aides : ce sera à l'instructeur
de corriger les fautes du cavalier, en s'adressant
toujours à son intelligence.

Les résistances du cheval commencent par être
toutes *physiques;* mais elles ne tardent pas à devenir
morales, lorsque son éducation est mal dirigée.

Tant qu'elles ne sont dues qu'à une mauvaise répartition des forces et qu'elles ne sont point instinctives, en procédant avec méthode aux assouplissements
indiqués dans cette Progression, en s'abstenant de
demander à l'animal des choses compliquées et au-
dessus de ses forces, et surtout en agissant avec une
grande patience, de manière à lui faire bien comprendre ce qu'on exige de lui, on arrivera le plus sou-
souvent à éviter tout désordre et à faire disparaître
toute résistance.

Mais s'il est facile d'inculquer de bonnes habitudes
au jeune cheval, lorsqu'on sait s'astreindre à une
marche méthodique et rationnelle, intelligente, en un
mot, il est au contraire très-difficile de détruire les
mauvais penchants, lorsque les défenses sont deve-
nues morales; c'est-à-dire, lorsqu'elles sont passées à
l'état d'habitude pour se soustraire à l'action des
aides. Les instructeurs devront donc toujours mettre
ces chevaux en de bonnes mains, et s'en occuper
dès le principe d'une manière particulière.

Ils devront même ne pas s'étonner, si parfois, malgré tous leurs soins et la bonne volonté des cavaliers,
ils n'arrivent pas à un résultat très-satisfaisant : pour
remettre un cheval difficile, il faut un savoir-faire
qu'on ne rencontre que bien rarement; de plus, en
admettant que par exception on le rencontrât, il faudrait que l'animal continuât d'être toujours monté par

un cavalier habile, pour qu'il ne retombât promptement dans ses mauvaises habitudes; *car il n'y a que l'é-
quilibre parfait qui puisse guérir radicalement les défenses
morales*, et cet équilibre, il y aurait folie à vouloir
l'obtenir avec des cavaliers ordinaires.

Ce sera en assouplissant les parties qui servent de
points d'appui aux contractions anormales, qu'on
fera disparaître insensiblement les résistances, et
qu'on arrivera peu à peu à produire l'équilibre des
forces, surtout lorsqu'on aura modifié la répartition
du poids de manière à soulager les parties surchargées.

Nous n'avons donc rien de particulier à ajouter
pour l'instruction des chevaux exceptionnels, qui
puisera ses principes dans l'application rigoureuse
des règles de dressage enseignées par la nouvelle
méthode, et dont nous avons cherché à vulgariser les
éléments.

Quant à la manière de prévenir les défenses ou
d'en annuler l'effet, nous croyons devoir citer ici un
principe que nous avons souvent entendu émettre
par notre professeur, M. Baucher, savoir : *que le
cheval ne peut se défendre sans un temps d'arrêt préalable.*
Le cavalier devra donc suivre les mouvements de
celui-ci, de manière à saisir la moindre contraction
pouvant produire ce temps d'arrêt, et déranger immédiatement la combinaison des forces de l'animal,

en détruisant leur point d'appui. Il aura soin de le maintenir toujours souple et léger à toutes les allures, au moyen de fréquents effets d'ensemble, et il se trouvera par suite dans les conditions les plus favorables pour prévenir les moindres velléités de résistance.

Ainsi, le cheval cherche-t-il à se *cabrer*, comme il faut dans ce cas qu'il fixe son arrière-main (*acculement*), afin de pouvoir s'enlever après y avoir fait refluer une partie du poids dont étaient chargées les épaules, le cavalier devra saisir toute tendance au retrait des forces, en poussant l'animal en avant dans les jambes et lui refuser ainsi le point d'appui indispensable.

Cheval
qui se cabre.

Il devra donc s'attacher à mobiliser l'arrière-main le plus possible, afin de lui communiquer le degré d'impressionnabilité voulu, pour qu'il puisse répondre instantanément à toute sollicitation des aides.

D'un autre côté, en insistant plus ou moins sur les flexions d'affaissement, il aura donné à la tête et à l'encolure une position telle, qu'elles contribueront à charger les épaules et à rendre l'enlever plus difficile.

Les flexions latérales de l'encolure ne devront pas non plus être négligées; car si, par la faute du cavalier, le cheval est parvenu à s'enlever, une demi-flexion d'encolure habilement pratiquée au moyen du

filet, en rompant la rigidité du bras de levier, neu-
tralisera en partie la gravité de la défense.

Mais il ne suffit pas de prévenir ou d'empêcher
l'*effet* ; il faut surtout arriver à détruire la *cause*, qui
consiste toujours dans une gêne ou une souffrance
dans le rein ou dans les jarrets, occasionnée par une
mauvaise répartition des forces, ainsi qu'on l'a dit
plus haut. Le plus sûr moyen d'atteindre le but, se
trouve, nous le répétons, dans l'application rigoureuse des principes de la nouvelle méthode, en suivant, bien entendu, une *progression* rationnelle.

Cheval qui rue. Si le cheval a la mauvaise habitude de *ruer* (inconvénient beaucoup moins grave que le précédent),
comme il commence toujours *par baisser un peu la tête* :
en soutenant celle-ci par des *demi-temps d'arrêt*
pratiqués avec tact et combinés avec des pressions de
jambes destinées à s'opposer au ralentissement de l'allure, on arrive à *prévenir* la défense, qui disparaîtra
complétement lorsqu'un assouplissement général aura
permis de modifier la répartition des forces de manière
à alléger les parties surchargées, *et vice versâ*.

Cheval
qui s'accule. Beaucoup de chevaux résistent en opposant seulement la force d'inertie et en s'*acculant*. Cette résistance cesse pour ainsi dire toute seule, à mesure
que l'animal s'assouplit et se familiarise avec les
aides. Il est parfois utile, pour ce genre de défense,
qu'un cavalier auxiliaire, muni d'une chambrière, se

tienne à portée du cheval, mais ne le touchant qu'a-
vec discrétion, et en se conformant à ce qui a été
prescrit à ce sujet.

Il arrive fréquemment qu'un cheval qui a quelque
cause de souffrance dans les jarrets, prend peu à peu
l'habitude de se tenir derrière les jambes, et l'on dit
alors qu'*il ne se livre pas facilement.* Il y a là un principe
d'acculement qui doit être détruit à temps, si l'on
ne veut pas le voir dégénérer en défense. Tout en continuant le travail d'assouplissement prescrit par la
Progression, il faut, à un certain degré d'instruction,
fréquemment employer les allures vives ; le pincer
délicat des éperons sans soutien de la main (1re
phase), et avoir bien soin de ne faire reculer le
cheval que lorsque la moindre pression des jambes
déterminera le mouvement en avant.

Le défaut de s'emporter a pour cause, ainsi que
les défenses dont nous venons de parler, une répartition des forces et du poids en désaccord avec
l'état défectueux de certaines régions de la machine animale ; alors le cheval, en élevant, en bais-
sant ou en détournant violemment la tête, arrive à
se soustraire à l'action du mors et à se rendre maître
du cavalier, qu'il emporte malgré ses efforts. Il importe, ici surtout, de ne pas prendre l'effet pour
la cause, et d'attribuer (ainsi qu'il n'arrive que trop
souvent) ce défaut à la *dureté* de la bouche ou à

Cheval qui s'emporte.

12

la roideur des mâchoires et de l'encolure ; d'où
l'on pourrait déduire qu'il suffirait d'assouplir ces
parties, pour corriger à tout jamais le cheval qui
s'emporte ; ce qui serait tout bonnement une erreur
grossière. Certes, il n'en faut quelquefois pas davantage ; mais alors le mal n'est pas bien grave,
et tient plutôt à la maladresse du cavalier, qu'à toute
autre cause.

Le plus souvent, ainsi que pour la majeure partie
des défenses du reste, le siège du mal se trouve dans
l'arrière-main et particulièrement dans les jarrets,
dont l'état douloureux s'oppose à ce que les membres
postérieurs s'engagent suffisamment pour annuler,
par une flexion préalable, toute réaction pénible, et
permettre ainsi que l'arrêt puisse se produire sans
une grande souffrance pour l'animal.

La faiblesse du rein peut, jusqu'à un certain point,
produire des effets analogues, et si elle est jointe à la
première infirmité, elle en double naturellement le
degré de gravité. Alors toute action de la main, si
elle réagit sur le derrière, devient insupportable au
cheval, qui bravera la douleur locale produite par le
mors sur les barres, par appréhension d'une douleur
bien plus vive.

Avec un pareil cheval, il faut pratiquer les assouplissements avec un soin extrême, afin de faciliter
le jeu de toutes les articulations et de permettre à

l'animal d'opérer peu à peu et *sans effort*, les *transla-tions de poids* nécessaires au soulagement des parties souffrantes ; puis, ce premier résultat obtenu, pro-duire insensiblement la concentration des forces, pour en retirer la libre disposition à l'animal (*équilibre*).

La gradation seule prescrite pour ce travail indique que toute lutte entre le cavalier et le cheval devra être absolument évitée.

Enfin, pour les chevaux qui cherchent à se *dérober* en faisant des écarts à droite ou à gauche, comme il leur faut toujours un point d'appui sur l'avant ou sur l'arrière-main, suivant qu'ils entament le mou-vement du derrière ou du devant, on rétablira l'équi-libre momentanément rompu, en saisissant avec tact le temps d'arrêt, pour les pousser vigoureusement en avant dans les jambes secondées par de judicieuses oppositions de rênes.

Cheval qui se dérobe.

Quelle que soit donc la cause première d'une dé-fense, on voit que, pour la combattre avec quelque chance de succès, il faudra toujours recourir aux mêmes moyens : *assouplir* d'abord le cheval, et *l'équi-librer* ensuite.

Quoique le défaut de *battre à la main* ne soit pas, à vrai dire, une défense du cheval, nous ne croyons pas moins devoir le mentionner ici.

Cheval qui bat à la main.

Rien n'est plus disgracieux qu'un cheval qui bat à la main, et en même temps rien ne donne plus mau-

12.

vaise opinion du cavalier qui l'a dressé. Il suffit d'un
peu de tact et d'une persévérance de quelques jours,
pour faire disparaître à jamais cette mauvaise habitude : pour le cheval d'*action* qui encense, la main,
par *un demi-temps d'arrêt*, saisit à propos l'enlever de la tête, de manière que l'animal ressente
chaque fois une impression désagréable sur les barres.
L'effet de ces demi-temps d'arrêt devra nécessairement être proportionné à l'impressionnabilité de l'a-
nimal, *et n'absorber que l'excédant de son action.*

Si le cavalier s'aperçoit que le soutien de la main
fait revenir le cheval sur lui-même, c'est que le défaut
ne réside que dans un mouvement propre à l'encolure,
et n'a point pour cause un *excédant d'action ;* l'ensemble des forces du cheval n'y participant pas, il
importe que les oppositions de la main ne réa-
gissent point sur celles-ci ; le cavalier doit donc,
dans ce cas, faire précéder ces oppositions d'une
petite pression de jambes, pour prévenir le retrait
des forces.

Ainsi, dans le premier cas (celui qui se présente le
plus fréquemment), la main agira sans le secours des
jambes ; dans l'autre, l'action de ces dernières pré-
cédera le soutien énergique de la main.

Toutes les autres causes qui peuvent porter le
cheval à battre à la main, telles qu'un mors défectueux, une gourmette trop serrée, une main trop

dure, etc., etc., tiennent à l'inhabileté du cavalier, et ne peuvent naturellement trouver place ici.

Le défaut de *porter au vent* a généralement pour cause la faiblesse du rein. Si l'animal a de plus les jarrets sensibles, le mal n'en est que plus grand ; car, comme il cherche alors à se soustraire à l'effet du mors, en élevant la tête et en tendant l'encolure, chaque action de la main réagit directement sur les jarrets, et occasionne une impression douloureuse, qui, chez quelques natures susceptibles, peut dégénérer en révolte ouverte.

Cheval qui porte au vent.

Pour remédier à cet inconvénient, il faut avant tout *affaisser* le cheval de pied ferme, et successivement aux trois allures, afin de lui permettre de soulager son arrière-main en portant sur les épaules une partie du poids qui l'écrase ; puis, le travail d'assouplissement ayant permis au cavalier de faire engager peu à peu les membres postérieurs sous la masse, il relèvera insensiblement l'encolure, en ayant soin de maintenir la tête dans une position verticale ; il ramènera ainsi la surcharge des épaules, sur les hanches, pour l'y fixer définitivement, les jarrets étant dès lors mieux disposés à recevoir le poids qui leur est destiné.

Il est indispensable, pour ce travail, d'avoir la main un peu basse et surtout bien moelleuse, pour engager le cheval à s'appuyer sur elle en toute confiance. Il faut donc absolument éviter tout mouvement brusque, qui ne pourrait être que contraire au résultat cherché. Le cheval *se ramènera* à mesure que l'équilibre se produira.

Il y a quelques chevaux qui portent au vent par suite seulement d'une disposition particulière de l'encolure et, parfois aussi, d'une mauvaise habitude contractée par la faute du cavalier ; ceux-là sont faciles à corriger : les flexions de ramener, confirmées par un commencement de concentration des forces, suffisent le plus souvent pour faire disparaître ce défaut en peu de jours.

Cheval
qui
s'encapuchonne.

Le cheval haut du derrière est en général disposé à s'*encapuchonner*. Quelquefois, un rein faible produit le même effet ; car alors l'animal, n'osant pas fléchir le rein pour céder au poids du cavalier, le voûte au contraire en *contre-haut*, et baisse la tête pour résister plus facilement. Cette position de la tête, outre qu'elle est fort disgracieuse, permet au cheval de se soustraire entièrement à l'action du mors.

Quelle que soit la cause qui provoque l'encapuchonnement, il faut assouplir le cheval, disposer les jarrets à recevoir le poids qui charge l'avant-main, et relever ensuite très-progressivement la tête et l'encolure, par des *demi-temps d'arrêt* pratiqués d'une main soutenue, et habilement combinés avec des pressions de jambes, de manière que les jarrets fléchissent et s'engagent au moment où la tête se lève.

Il y a aussi quelques chevaux qui s'enterrent par suite d'une conformation défectueuse de l'encolure : après leur avoir pratiqué les flexions avec le plus grand soin [1], on élèvera de même la tête au moyen de demi-temps d'arrêt qui ne tarderont pas à modifier la direction de l'encolure. La main toujours *soutenue*, et les jambes actionnant constamment le cheval pour s'opposer au ralentissement de l'allure, achèveront de lui donner l'habitude de tenir la tête et l'encolure bien placées.

Pour corriger *radicalement* tous les vices et les défauts dont il vient d'être question, il ne suffit pas d'appliquer la méthode dans ses moindres détails : une pareille tâche exige de plus du jugement, beaucoup de tact dans l'exécution et une grande habitude du dressage.

---

[1] Le défaut de s'encapuchonner étant très-commun chez les chevaux de troupe, et l'assouplissement de l'arrière-main de ces chevaux étant très-difficile, vu le manque de tact ordinaire des cavaliers, il faudra savoir se contenter de demi-résultats. Il sera donc prudent, en pareil cas, de ne point pratiquer les assouplissements de l'encolure, et de se contenter de mobiliser un peu la mâchoire.

DEUXIÈME PARTIE.

TRAVAIL MILITAIRE.

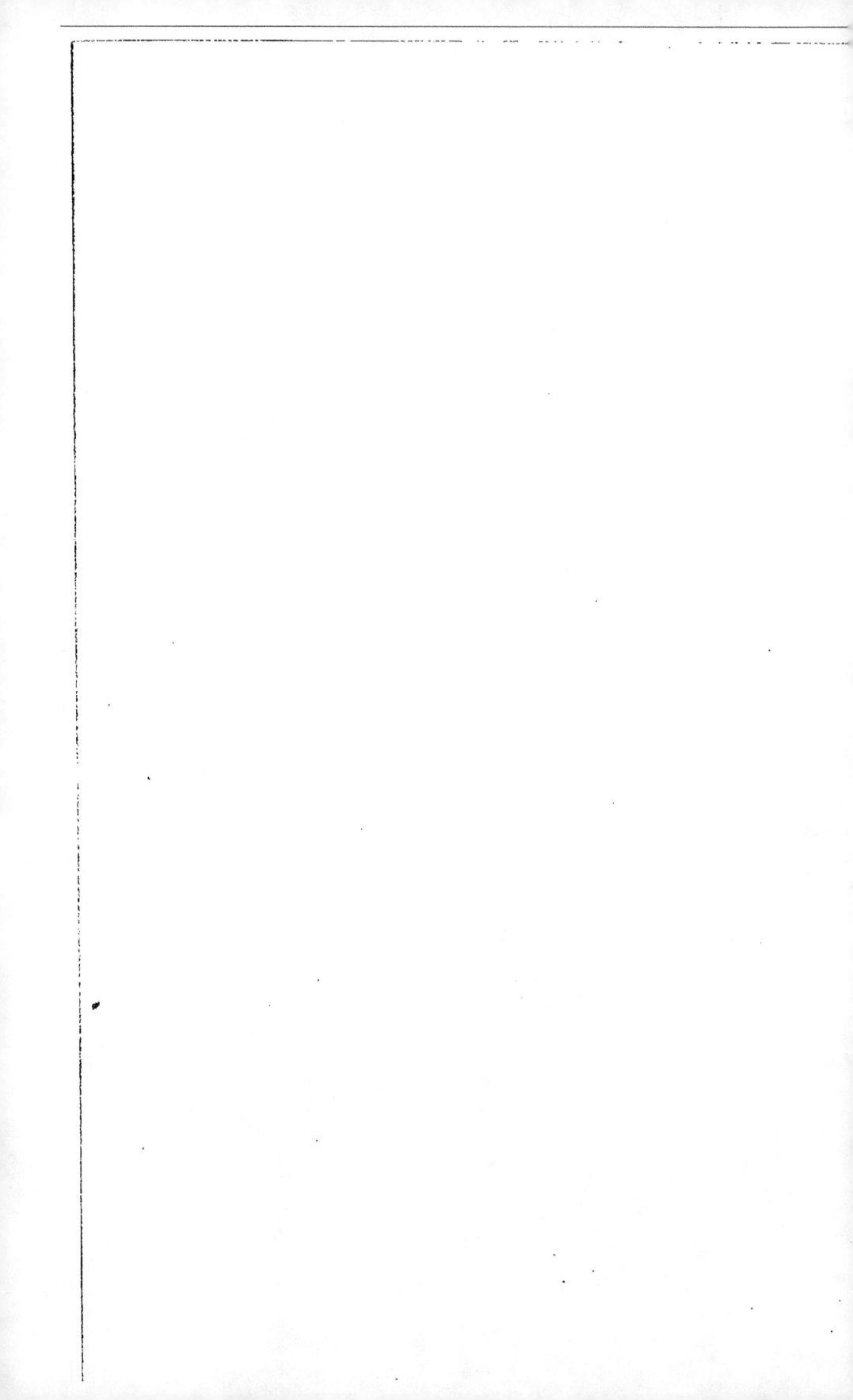

DEUXIÈME PARTIE.

TRAVAIL MILITAIRE.

Les cavaliers sont toujours dans la même tenue ; ils ont le sabre au crochet. On fait monter à cheval et mettre pied à terre suivant les principes de l'ordonnance. La cravache est devenue superflue.

Habituer les chevaux aux armes et maniement des armes à toutes les allures.

Le cheval *mis* d'après les principes de la nouvelle école, se trouvant entièrement sous la dépendance de son cavalier, n'offrira que des résistances tout à fait insignifiantes, lorsqu'il s'agira de l'habituer aux armes.

Pour ce travail, de même que pour le dressage proprement dit, il faudra procéder avec méthode ; le succès sera prompt et infaillible.

Les cavaliers conserveront le sabre au crochet jusqu'à ce que l'instructeur en ait ordonné autrement. Celui-ci fera monter à cheval sur deux rangs, ainsi que le prescrit l'ordonnance, et il mettra les colonnes en marche sur la piste, comme aux leçons précédentes ; il fera ensuite décrocher le sabre, en recommandant d'agir avec délicatesse, et fera ajuster les

Sabre.

rênes de la bride dans la main gauche, celles du filet ne devant plus servir que dans des circonstances tout à fait exceptionnelles.

Pour calmer le cheval trop impressionnable, le cavalier passera les rênes de bride dans la main droite, qui les saisira les ongles en dessous, et soulèvera le sabre avec la main gauche, afin de l'empêcher de balancer contre le flanc de l'animal ; peu à peu il l'abandonnera, s'empressant de le ressaisir si la défense se renouvelait. Quelques effets d'ensemble, faits avec à-propos, contribueront promptement à amener une entière soumission.

On commencera ce travail en marchant à main gauche, afin d'éviter que les fourreaux, en heurtant le mur ou les planches du manége, n'effraient par trop les chevaux. Lorsque ceux-ci seront très-calmes, on les fera passer au petit trot ; on fera ensuite allonger progressivement cette allure, en ayant soin de faire reprendre le pas, dès qu'on s'apercevra du moindre désordre. On procédera de même pour l'allure du galop.

On fera naturellement exécuter à bâtons rompus tous les mouvements enseignés dans les leçons précédentes. Peu de jours suffiront pour obtenir un calme parfait.

Mousqueton et fusil. Pour le mousqueton et le fusil, on suivra la même progression, en commençant le travail à main droite.

La lance n'effraiera pas davantage les chevaux, si Lance.
l'on s'astreint à procéder avec gradation. On commencera par la lance dépourvue de flamme, en recommandant aux cavaliers de l'enlever très-doucement
en montant à cheval, et d'agir de même en descen-
dant, pour la laisser glisser à terre.

Dès que les chevaux ne seront plus impressionnés Exercice
par le contact des armes, l'instructeur fera mettre le du sabre.
sabre à la main ; à cet effet, le cavalier, marchant au
pas, saisira la poignée sans engager le poignet dans
la dragonne et en évitant de déplacer le corps ; il
glissera en même temps la jambe droite un peu en
arrière, pour empêcher le cheval de se traverser.
Avant de tirer la lame, il la fera quelquefois jouer dans
le fourreau, s'empressant de rassurer l'animal par une
caresse, s'il manifestait la moindre inquiétude. Il tirera
ensuite le sabre avec tact, sans bruit, en l'élevant
tout doucement, et placera la lame entre le pouce et
le premier doigt de la main de la bride, afin de pouvoir caresser le cheval et lui inspirer de la confiance ;
puis il lui fera voir la lame, tantôt à droite, tantôt à
gauche de l'encolure, en le contenant dans la main
et dans les jambes.

On arrivera ainsi progressivement, en très-peu de
temps, à faire des moulinets et à donner des coups
de pointe et des coups de sabre, à toutes les allures.

En remettant le sabre, le cavalier aura soin d'agir

avec douceur, pour ne pas surprendre le cheval ; à cet effet il évitera, les premières fois, de faire *résonner* la lame dans le fourreau ; il aura l'attention aussi de contenir l'animal dans les aides, pour l'empêcher de s'arrêter ou de se traverser.

Maniement du mousqueton et du fusil. Le cheval habitué à l'exercice du sabre ne présen-tera aucune difficulté pour le maniement du mous-queton et du fusil, si le cavalier agit avec tact et s'il évite les a-coup de main de bride.

Exercice de la lance. Il en offrira peu ou pas du tout pour la lance, tant qu'elle sera dépourvue de sa flamme ; toutefois, l'in-structeur aura soin de suivre la gradation indiquée pour le sabre, et recommandera surtout aux cavaliers de ne pas toucher les chevaux sur la croupe, ainsi qu'il arrive lorsque les moulinets sont mal faits.

Pour caresser le cheval qui manifeste quelque frayeur, le cavalier mettra la lance dans la main gauche, sans quitter les rênes, ainsi qu'il a été prescrit pour le sabre.

A mesure qu'un cheval sera habitué à l'exercice de la lance, le cavalier prendra la flamme, en ayant soin de la bien faire voir à l'animal avant de mettre le pied à l'étrier. Les chevaux les plus craintifs resteront ainsi les derniers à être montés avec la flamme de lance ; et lorsqu'enfin on la prendra, ils n'offriront que peu de difficultés, l'ayant vue déjà depuis plu-sieurs jours à peu de distance d'eux.

Si l'on exécute ce travail dans l'ordre où nous le présentons, c'est-à-dire *après* le dressage-proprement dit du cheval, on n'y mettra qu'un temps insignifiant. Toutefois il n'est pas impossible d'obtenir des résultats satisfaisants en habituant les chevaux aux armes dès la troisième leçon ; seulement, il faudra alors prendre de grandes précautions pour prévenir les défenses, qui influeraient d'une manière fâcheuse sur la marche ultérieure du dressage. Mais, nous le répétons, il suffit de quelques jours, lorsque les chevaux sont dressés, pour les familiariser avec toutes les armes, et l'on évite ainsi une foule d'accidents toujours fort regrettables.

Lorsque, par exception, il se trouvera un cheval qui, malgré toutes les précautions, s'effraiera à la vue du sabre ou de la flamme de lance , on lui fera voir ces objets à l'écurie, au moment de lui donner l'avoine, et il ne tardera pas à se tranquilliser.

ÉCOLE DE PELOTON.

ARTICLE UNIQUE.

Après avoir soumis le cheval de troupe aux aides du cavalier, et par conséquent à la volonté de ce dernier, il ne reste, ce nous semble, qu'à l'habituer à la pression du rang, aux détonations des armes à feu, et aux sauts des obstacles, pour compléter son éducation. Toutefois, comme il peut arriver que les chevaux réunis en peloton prennent promptement l'habitude *de tenir au rang*, nous les soumettrons à un travail particulier, qui, tout en prévenant l'inconvénient que nous venons d'indiquer, nous dispensera de faire exécuter la majeure partie des mouvements contenus dans l'*école de peloton*. En effet, lorsque nous serons parvenus à donner l'habitude à nos chevaux *de se séparer les uns des autres à toutes les allures, et de travailler sur des fronts plus ou moins étendus*, n'aurons-nous pas atteint le but que se propose cette école ? Aurons-nous besoin de suivre la progression de l'ordonnance, lorsque les chevaux seront devenus des instruments passifs entre les mains des cavaliers, qui connaissent à l'avance le mécanisme de tous les mouvements créés uniquement pour l'instruction des hommes ? Certes, ce serait perdre notre temps ; aussi n'aurons-nous garde de nous y arrêter, et réduirons-nous notre *École de peloton* aux exercices suivants :

1° Faire quitter le peloton individuellement et par file.

2° Marches en bataille et conversions.

3° Charge individuelle et charge par peloton.

4° Sauts d'obstacles.

5° Habituer les chevaux aux bruits de guerre.

§ 1er. Faire quitter le peloton individuellement et par file.

Pour commencer ce travail, les cavaliers quitteront les armes et reprendront la cravache. Un sous-instructeur à pied, muni d'une chambrière, se tiendra prêt à seconder ceux d'entre eux dont les chevaux feraient des difficultés pour quitter le rang.

L'instructeur formera les cavaliers sur un rang, à un mètre l'un de l'autre ; il fera prendre le filet de la main droite et, après avoir fait compter par quatre, il désignera les cavaliers qui devront successivement sortir du rang.

A l'avertissement de l'instructeur, le cavalier désigné préparera son cheval par un effet d'ensemble, de manière à se mettre en mouvement sans à-coup ; il se portera ensuite en avant, s'aidant au besoin de la cravache à l'épaule, plutôt que de faire usage de

15

l'éperon en cas d'hésitation de la part du cheval.
Celui-ci ayant obéi, le cavalier le caressera en continuant à marcher bien droit devant lui et en faisant
quelques effets d'ensemble, suivis parfois d'une descente de main. Après avoir marché une dizaine de
pas, il tournera à droite ou à gauche (suivant la place
qu'il occupera dans le peloton), et il viendra, en
passant par derrière, traverser son intervalle sans s'y
arrêter. A cet effet, avant d'y arriver, il aura soin de
resserrer son cheval dans les aides, afin qu'il ne soit point
tenté de **ralentir,** et il se tiendra prêt à agir de la
cravache, dans le cas où l'action des jambes aurait été insuffisante. Le sous-instructeur aura l'attention de se tenir à portée, toutefois sans faire voir
la chambrière lorsque les chevaux passeront devant
lui.

Dès que le cavalier aura traversé le rang, il caressera de nouveau son cheval, se conformant d'ailleurs
à ce qui lui a été prescrit après l'avoir quitté pour
la première fois, et, ayant passé encore une fois sur
le terrain déjà parcouru, il reviendra s'arrêter à sa
place ; à moins qu'un cheval n'ait fait quelque difficulté pour traverser le rang, auquel cas il conti-
nuerait cet exercice jusqu'à parfaite obéissance.

Les chevaux qui n'ont pas encore travaillé dans le
rang n'y tiennent généralement pas beaucoup, surtout quand ils ont été dressés suivant les principes

nouveaux ; aussi se soumettent-ils très-vite à ce travail qui, bien exécuté au pas, est ensuite répété successivement au trot et au galop.

Peu à peu on resserrera les intervalles, et l'on arrivera progressivement à mettre les hommes botte à
botte. Enfin, on exécutera ce même travail par file,
le peloton étant formé sur deux rangs serrés.

Les séances de l'école de peloton devant être d'une
heure et demie au moins, on emploiera à ce travail
la première moitié de chaque leçon, en ayant soin de
ne pas être trop exigeant dans les commencements,
et surtout de ne pas diminuer les intervalles tant qu'il
restera un seul cheval tenant au rang ; plus tard on
le répètera avec les armes.

§ 2. — Marches en bataille et conversions.

La deuxième moitié de la leçon sera employée,
pendant quelques jours, à exécuter des marches en
bataille et des conversions. Le peloton étant formé
sur deux rangs serrés et à *files ouvertes*, on le mettra
en marche au pas.

Marche en bataille.

Afin de calmer leurs chevaux, les cavaliers feront
dans le commencement de fréquents effets d'ensemble et quelques descentes de main qui les confirme-
ront dans leur légèreté ; ils se conformeront du reste
aux principes prescrits par l'ordonnance.

13.

Conversions. En arrivant à l'extrémité du terrain, on exécutera une conversion à pivot fixe, pour changer de direction ou pour se remettre face en arrière. Les cavaliers auront le plus grand soin de ne pas se rapprocher pendant le mouvement, afin d'éviter de mettre leurs chevaux en l'air, ce qui arriverait infailliblement s'ils se trouvaient trop serrés dans le rang.

On pourra parfois aussi se remettre face en arrière, par une contre-marche, en recommandant aux cavaliers de reprendre successivement leurs intervalles en arrivant sur la ligne. On ne fera faire de conversions à pivot mouvant, qu'après en avoir exécuté à pivot fixe au trot et au galop.

Les chevaux étant calmes pendant ce travail au pas, on le fera répéter au petit trot, en faisant reprendre le pas dès qu'on s'apercevra du moindre désordre. On suivra la même progression pour l'exécuter au galop.

On fera ensuite resserrer progressivement les intervalles, en conservant toutefois de l'aisance dans le rang.

Ces exercices seront enfin successivement exécutés aux trois allures, avec le sabre d'abord, puis avec toutes les armes.

§ 3.—Charge individuelle et charge par peloton.

Lorsque l'instructeur aura obtenu un certain calme dans les marches en bataille et les conversions au galop, il fera exécuter quelques charges individuelles, en se conformant aux principes prescrits par l'ordonnance; toutefois, il pourra commencer ce travail sans armes, afin de donner aux cavaliers plus de facilité pour dominer leurs chevaux. *Charge individuelle.*

Chaque cavalier, après avoir chargé, aura l'attention, en reprenant le trot et le pas, de produire quelques effets d'ensemble, pour ramener au centre les forces qui se seraient dispersées pendant la charge.

On pourra, pour ce travail, placer des cavaliers en points intermédiaires; mais il ne sera fait aucun commandement dans les commencements, afin d'éviter toute surprise dans les changements d'allure.

Lorsqu'on aura obtenu du calme et de la régularité dans cet exercice, on fera faire des charges par peloton, mais de très-courte durée, pour ne pas fatiguer les chevaux, et en se conformant aux principes prescrits pour la charge individuelle. *Charge par peloton.*

§ 4. — Sauts d'obstacles.

Dès le commencement de l'école de peloton, on *Saut du fossé.*

fera sauter le fossé et la barrière avant de quitter le terrain. A cet effet, l'instructeur fera creuser un petit fossé de 50 à 60 centimètres de large, et d'une profondeur de 33 centimètres environ. Il aura soin de faire donner au côté opposé à celui d'où l'on doit sauter, une pente très-douce. Tous les deux ou trois jours il fera agrandir ce fossé, en augmentant progressivement sa largeur et sa profondeur, mais d'une manière insensible. Il lui donnera une longueur de 30 mètres environ et fera entasser les terres extraites, aux deux extrémités du côté de l'arrivée, ce qui contribuera à empêcher les chevaux de se dérober. Il pourra même, pour augmenter ce remblai, creuser intérieurement deux petits fossés venant aboutir à angle droit sur le fossé principal.

Avant de faire franchir le fossé, on disposera les cavaliers en colonne par quatre, avec de grandes distances, et on leur fera prendre le filet de la main droite. On leur adressera ensuite les recommandations suivantes : A l'avertissement de l'instructeur, les cavaliers du premier rang de quatre se porteront ensemble en avant, au pas (précédés du sous-instructeur monté sur un cheval sautant franchement), s'attachant à conduire leurs chevaux bien droit, afin de donner à leurs forces la meilleure direction possible. Après quelques pas, ils prendront le trot, et à une dizaine de pas du fossé, un galop décidé, en ayant les rênes légèrement tendues pour juger des effets d'impulsion. Ils se maintiendront à la même hauteur, et suivront le sous-instructeur qui les entraînera sur l'obstacle. Arrivés à portée du fossé, les cavaliers baisseront un peu les poignets, conservant les doigts bien fermés et ne cessant pas de sentir la bouche du cheval, afin de laisser à celui-ci la liberté de s'élancer ; ils le pousseront en même temps dans les jambes pour l'y déterminer, en ayant le plus grand soin de rester bien *assis :* au moment de *l'enlever* de l'avant-main, ils porteront le corps un peu en avant, se redressant en arrivant à terre, afin de rester toujours liés avec le cheval. Ils auront l'attention toute particulière *de le recevoir sur le filet,* ne se servant de la main de la bride pour le relever en cas de faux pas, que si l'action de ce filet n'était pas suffisante pour l'empêcher de tomber.

L'instructeur fera comprendre aux cavaliers que pour n'éprouver aucune réaction violente, le corps doit être suffisamment soutenu avant le saut, afin *qu'il ne précède pas* le mouvement du cheval ; que les jambes doivent avoir le plus d'adhérence possible; que les rênes doivent être souples, et les fesses pour ainsi dire collées dans la selle.

Après avoir sauté, les cavaliers du premier rang passeront le plus tôt possible au pas, et à cet effet, ils soutiendront la main de la bride en assurant le corps et en tenant les jambes près, jusqu'à ce que le

cheval ait obéi [1] ; ils continueront alors de marcher,
en faisant quelques effets d'ensemble, et s'arrêteront
à une soixantaine de mètres de l'obstacle.

Le deuxième rang se portera en avant à son tour,
et les autres successivement, toujours précédés du
sous-instructeur et se conformant exactement aux
mêmes principes.

On ne franchira le fossé qu'une seule fois et l'on
rentrera immédiatement au quartier.

Ce travail commençant avec l'école de peloton,
les chevaux sauteront naturellement sans armes d'a-
bord, puis successivement avec toutes les armes.

*L'instructeur ne fera franchir individuellement que
lorsque les chevaux sauteront sans hésitation par quatre et
surtout par deux :* en commençant à faire sauter plusieurs chevaux à la fois, on évite un grand nombre
de défenses provenant de la maladresse de l'homme,
ou du manque de confiance de la part du cheval.
Les chevaux qui franchissent *en compagnie* s'encou-
ragent et s'entraînent mutuellement, et les cavaliers
n'ont plus que la peine de les diriger.

L'instructeur, à pied, muni de la chambrière, de-

---

[1] Beaucoup de chevaux sautent d'abord très-franchement, et refusent
obstinément de sauter dans la suite : la cause en est due presque toujours
aux *à-coup de main de bride*, qui attendent l'animal de l'autre côté de
l'obstacle, *pour le punir d'avoir bien fait.*

vra toujours se trouver à portée du fossé, de manière à venir au secours du cavalier, dont le cheval mon- trerait une certaine hésitation au départ.

Lorsqu'un cheval, soit par crainte, soit par man- que d'adresse du cavalier, refusera de sauter, l'in- structeur ne laissera pas s'engager une lutte qui pourrait bien ne pas toujours se terminer à l'avan- tage du dernier; il saisira l'animal par les rênes et le conduira avec douceur sur le fossé, se faisant aider par un sous-officier ou un brigadier qui tiendra la chambrière; il enjambera lui-même l'obstacle, et fera en sorte de se faire suivre du cheval, en l'atti- rant à soi. S'il réussit à le faire passer (ce qui arri- vera inévitablement s'il a du tact), après l'avoir ca- ressé, il le ramènera une seconde fois, agissant toujours avec la même douceur. Dès que toute hési- tation aura disparu, il le remettra au milieu d'un rang de chevaux sautant franchement, de telle sorte qu'il se trouvera entraîné et maintenu tout à la fois.

Il importe que l'instructeur et le cavalier conser- vent tout leur sang-froid, et évitent avec soin tout acte de brutalité, qui ne ferait qu'exaspérer le cheval et le dégoûter à tout jamais. Il importe surtout que l'instructeur cherche à se rendre compte de *la cause* du refus de sauter, afin d'en tenir compte dans les moyens qu'il emploiera pour faire cesser le rési- stance.

En procédant ainsi avec gradation et méthode, nous n'avons jamais rencontré un seul cheval sur plus de deux mille qui, après quelques jours, n'ait sauté le fossé avec la plus grande franchise.

Saut
de la barrière.

Lorsque les chevaux ne chercheront plus à se dé-rober, et que les cavaliers auront gagné une certaine aisance dans ce travail, on commencera le saut de la barrière. A cet effet, celle-ci étant posée à terre entre les deux chandeliers, l'instructeur fera passer les cavaliers en colonne par deux, leur recommandant de conserver leurs distances et de faire *enjamber* l'ob-stacle à leurs chevaux, en ayant soin de les empêcher de sauter.

On placera ensuite la barrière sur le pied des chan-deliers, ce qui l'élèvera de quelques centimètres seu-lement, et on la fera de nouveau enjamber. Enfin on répètera cet exercice en élevant la barrière à en-viron 33 centimètres de terre.

L'instructeur fera bien de mettre pied à terre, de prendre par les rênes le cheval qui montrera de l'hé-sitation, et d'enjamber la barrière avec lui.

Ce travail aura pour résultat de familiariser le cheval avec l'obstacle, de lui faire mesurer son saut sans s'animer, et de le faire franchir avec une grande légèreté. Il obligera en même temps le cavalier à se servir régulièrement des aides pour diriger le cheval et l'empêcher de se dérober.

Après avoir fait enjamber plusieurs fois la barrière en suivant la progression ci-dessus, on fera *sauter* par deux ou par quatre, faisant aux cavaliers les recommandations prescrites pour le saut du fossé ; on agira de même chaque jour.

Le cavalier ne doit pas chercher à *enlever* son cheval : tout en lui laissant la liberté de s'élancer, il doit veiller à ce qu'il ne prenne pas son élan trop tôt, et à cet effet il ne rendra la main qu'à *portée* de l'obstacle, en continuant de sentir la bouche de l'animal.

Dans les sauts *en hauteur*, il élèvera légèrement la main sans quitter la bouche du cheval, et suivra l'avant-main dans son ascension, en évitant avec soin de faire refluer le poids sur les jarrets.

Les chevaux qui ont les jarrets douloureux, s'ils ne sont pas assouplis de manière à engager convenablement leur arrière-main sous la masse, éprouvent, en retombant à terre après le saut, une commotion pénible, dont l'effet se manifeste souvent par un coup de rein suivi d'une accélération subite dans l'allure. Le cavalier, dans ce cas, doit se garder de trop *soutenir* la main au moment du poser des membres antérieurs, et laisser autant que possible au cheval la latitude d'étendre un peu son encolure et de soulager ainsi la partie souffrante.

La barrière restera à la hauteur de 33 centimètres

pendant plusieurs jours, puis on l'élèvera insensiblement jusqu'à 1 mètre de terre.

Nous croyons utile de ne pas *empailler* la barre,
afin que les chevaux, en s'y heurtant et la renversant,
éprouvent une impression désagréable qui les engagera à s'enlever davantage.

De même que pour le fossé, les cavaliers sauteront
d'abord sans armes. L'instructeur prendra les mêmes
précautions pour prévenir les résistances.

Ce travail devant également *terminer les séances,* on
ne le fera exécuter que de deux jours l'un, en alter-
nant avec le saut du fossé.

Lorsqu'on sera arrivé à faire sauter les chevaux
avec toutes les armes, on terminera chaque leçon par
deux sauts successifs, la barrière étant disposée à
40 mètres en avant du fossé, et parallèlement à celui-ci.

Quant aux cavaliers qui tiennent à avoir des chevaux franchis-
sant brillamment et d'une manière sûre, nous les engageons à ne
jamais leur faire sauter des barrières *mobiles,* qui, en apprenant au
cheval le peu de danger qu'il y a à la renverser, le rendent paresseux et en même temps fort dangereux : en choisissant des
obstacles *fixes,* peu élevés d'abord et sur de bons terrains, et en
les abordant *sans hésitation,* à une allure franche (1), ils arrive-

_____

(1) Le cavalier qui, de *pied ferme,* fait franchir un obstacle fixe à son
cheval, s'expose, si celui-ci s'abat, aux accidents les plus graves. Il n'en est
pas de même, s'il aborde l'obstacle à une allure un peu allongée (sans
toutefois abandonner le cheval), se trouvant alors, en cas de chute, tou-

ront promptement à donner à leurs chevaux ce complément indispensable d'une bonne éducation.

Dans les localités où l'on pourra se procurer du Saut de la haie.
branchage, on fera bien de faire établir une *haie* mo-
bile, à laquelle on ajoutera peu à peu des branches
de plus en plus élevées. Cette haie, assez basse
d'ailleurs, sera couchée par terre dans les commencements ; on la redressera insensiblement, et l'on
procédera du reste exactement comme pour le saut
de la barrière.

§ 5. — Habituer les chevaux aux bruits de guerre.

Les six dernières séances de l'école de peloton   Feux
seront consacrées à habituer les chevaux aux déto-   du pistolet.
nations d'armes à feu ; toutefois, on n'emploiera à
ce travail qu'une partie de la leçon.

Après avoir fait exécuter à bâtons rompus quelques
marches en bataille, doublements, dédoublements,
mouvements par quatre, etc. pour calmer les chevaux, on fera rompre le peloton en colonne par deux,
et on le fera marcher en cercle, en faisant en sorte
qu'il y ait le moins de distance possible entre la queue

jours projeté assez loin, pour ne pouvoir être atteint par sa monture ;
c'est pourquoi il est toujours bon de savoir bien choisir son terrain pour
se livrer à cet exercice, qui est loin d'être sans danger.

et la tête de la colonne. L'instructeur et le sous-instructeur se placeront au centre. Le sous-instructeur
muni de son pistolet mettra pied à terre, et brûlera
d'abord quelques capsules, après avoir recommandé
aux cavaliers de s'occuper de leurs chevaux et de les
caresser afin de leur donner de la confiance. Les chevaux marchant par deux s'habituent très-vite à ces
faibles détonations. L'instructeur les fera marcher
autant à main droite qu'à main gauche, afin que ceux
qui se trouvaient en dehors du cercle soient à leur
tour rapprochés du sous-instructeur. Celui-ci augmentera insensiblement la quantité de poudre, sans
toutefois exagérer la charge, de manière à produire
des détonations de plus en plus fortes.

Les cavaliers devront contenir leurs chevaux dans
la main et dans les jambes, afin de les empêcher de
se jeter en dehors; pour les calmer, ils pratiqueront
de fréquents effets d'ensemble suivis de descentes de
main.

Le deuxième jour, les cavaliers seront munis du
pistolet et de deux cartouches chacun; on fera charger les armes en marchant. Le sous-instructeur commencera par tirer des coups de pistolet au centre, en
suivant la même progression que la veille; puis, il
désignera successivement les cavaliers qui devront
faire feu, leur prescrivant de *tirer en l'air*, et surtout
d'éviter, au moment de la détonation, *que les chevaux*

ne ressentent le moindre à-coup de main de bride, cause habituelle de la plupart des défenses.

On brûlera une cartouche en marchant à chaque main.

Les coups de pistolet seront d'abord tirés à des intervalles assez longs ; ensuite, ils se suivront de plus près.

Afin que les chevaux ne soient pas impressionnés par la vue des bourres enflammées tombées dans l'intérieur du cercle, le sous-instructeur s'empressera de les éteindre.

Le troisième jour les cavaliers auront trois cartouches ; ils en brûleront deux en marchant en cercle, et la troisième en marchant en bataille à files ouvertes.

Le quatrième jour, on donnera aux cavaliers quatre cartouches : deux seront brûlées en marchant en batailles à files ouvertes, les deux autres, le peloton étant arrêté [1]. Ils prendront insensiblement la position régulière pour faire feu.

Le cinquième jour, les cavaliers munis de cinq cartouches seront d'abord formés en bataille à files ouvertes ; ils brûleront une cartouche en marchant et une autre de pied ferme ; puis, on disposera une ligne de tirailleurs, en ayant soin de placer les cavaliers de chaque file presque botte à botte. Disposés

---

[1] Il sera prudent de ne soumettre les chevaux aux feux *de pied ferme,* que lorsqu'ils auront montré un certain calme pendant les feux en marchant.

ainsi, ils brûleront deux cartouches en marchant et une de pied ferme.

Enfin le sixième jour, on donnera six cartouches à chaque homme, et l'on fera exécuter les mouvements de tirailleurs prescrits par l'ordonnance, en observant toujours de commencer par les feux en marchant.

Le cavalier, en mettant *en joue*, doit élever le pistolet à hauteur de l'œil, et redresser le corps en stimulant son cheval dans les jambes s'il s'aperçoit qu'il est disposé à s'acculer ou à se dérober ; il fait feu en évitant de porter le corps en avant, et revient à la position de *haut le pistolet* avant de le remettre dans la fonte ou de le charger de nouveau.

Pour rassurer le cheval, il doit souvent le caresser ; dans ce cas, il place le pistolet dans la main gauche après avoir fait feu.

On voit par ce qui précède que, pour amener les chevaux à supporter patiemment le bruit des armes à feu dans toutes les circonstances, il faudra brûler une vingtaine de cartouches par cheval.

Feux du mousqueton et du fusil.

Dans les armes qui ont le fusil ou le mousqueton, on se servira du pistolet les deux premiers jours seulement ; la progression à suivre sera du reste absolument la même. On veillera seulement à ce que les cavaliers, en épaulant, avancent assez la main gauche et qu'ils aient les rênes assez longues, pour que, en cas d'écart, le cheval ne ressente aucun à-coup. On aura soin de tenir les jambes constamment près, et de ne pas épargner les caresses pour tranquilliser les chevaux.

La première fois qu'on fera feu du fusil ou du mousqueton, on aura, comme pour le pistolet, l'attention de diriger le bout du canon un peu en l'air.

Enfin on pourra, pour compléter ces exercices, faire battre la caisse à l'heure de l'avoine, ce qui aidera promptement à familiariser le cheval avec le bruit, de quelque nature qu'il soit.

Ainsi se trouve terminée l'éducation du cheval de troupe. Les quarante-cinq premières leçons sont entièrement applicables aux chevaux de selle, quel que soit le service auquel on les destine d'ailleurs, et suffisent largement pour les chevaux de promenade et de chasse, en y ajoutant toutefois les sauts d'obstacles. Pour les chevaux d'armes, on y joindra une quinzaine de leçons consacrées à l'école de peloton. Quant aux chevaux de manége, soumis au rassembler, nous n'indiquerons aucune limite à leur instruction ; elle sera toutefois toujours en rapport avec le degré de force des cavaliers destinés à les monter.

14

Récapitulation du travail militaire.

AIDE - MÉMOIRE.

On prendra les armes pour répéter le travail de la deuxième leçon, en commençant la troisième. On les quittera ensuite, pour les reprendre dès qu'on aura obtenu des départs réguliers au galop, à la quatrième leçon.

ÉCOLE DE PELOTON.

(ENVIRON 15 SÉANCES.)

1° *Faire quitter le peloton individuellement et par file ($^2/_4$ d'heure, p. 193). Marches en bataille et conversions ($^1/_2$ heure, p. 195). Sauts d'obstacles ($^1/_4$ d'heure, p. 197). 7 séances environ;*

2° *Charge individuelle ($^5/_4$ d'heure, p. 197). Sauts d'obstacles. 2 séances environ.*

3° *Répétition, à bâtons rompus, du travail précédent. Charge par peloton ($^1/_2$ heure, p. 197). Exercice à feu ($^5/_4$ d'heure, p. 205). Sauts d'obstacles. 6 séances.*

Nota. *Si le nombre des chevaux à dresser dépasse trente-deux, on en fera deux fractions travaillant séparément.*

FIN.

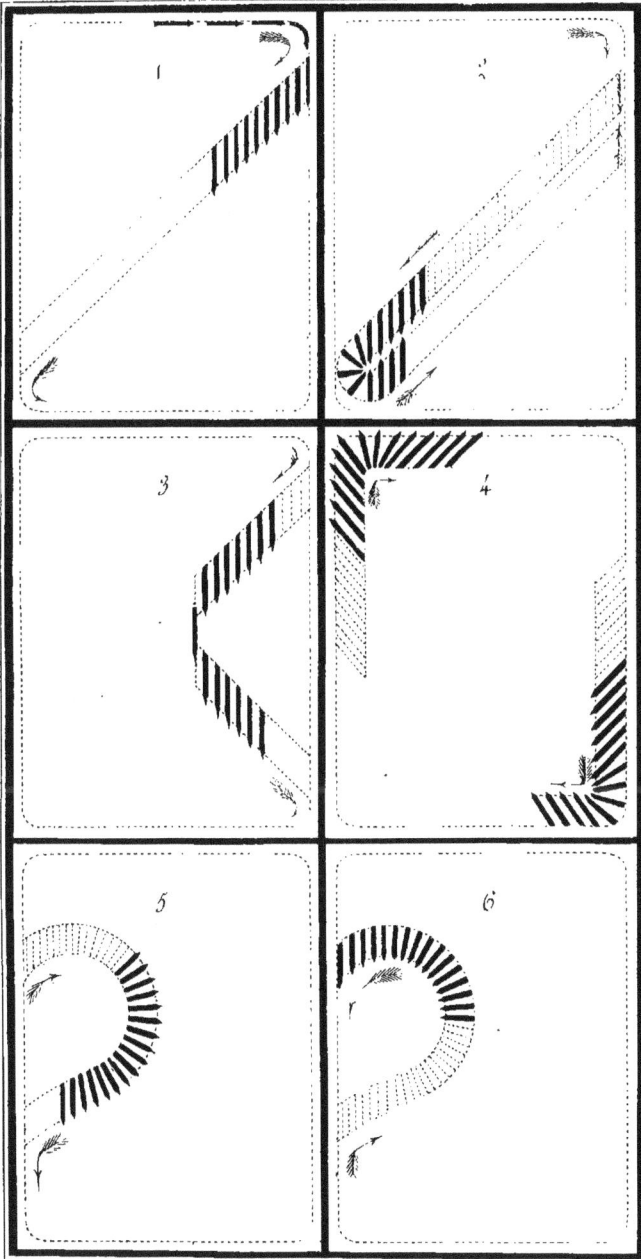

Pl XIII.   P. 210.

Imp Lemercier, Paris

1. Changement de main diagonal.
2. Changement de main renversé.
3. Contre-changement de main.
4. Épaule en dehors et épaule en dedans.
5. Demi volte ordinaire.
6. Demi-volte renversée.

M. Gerhardt, Manuel d'équitation

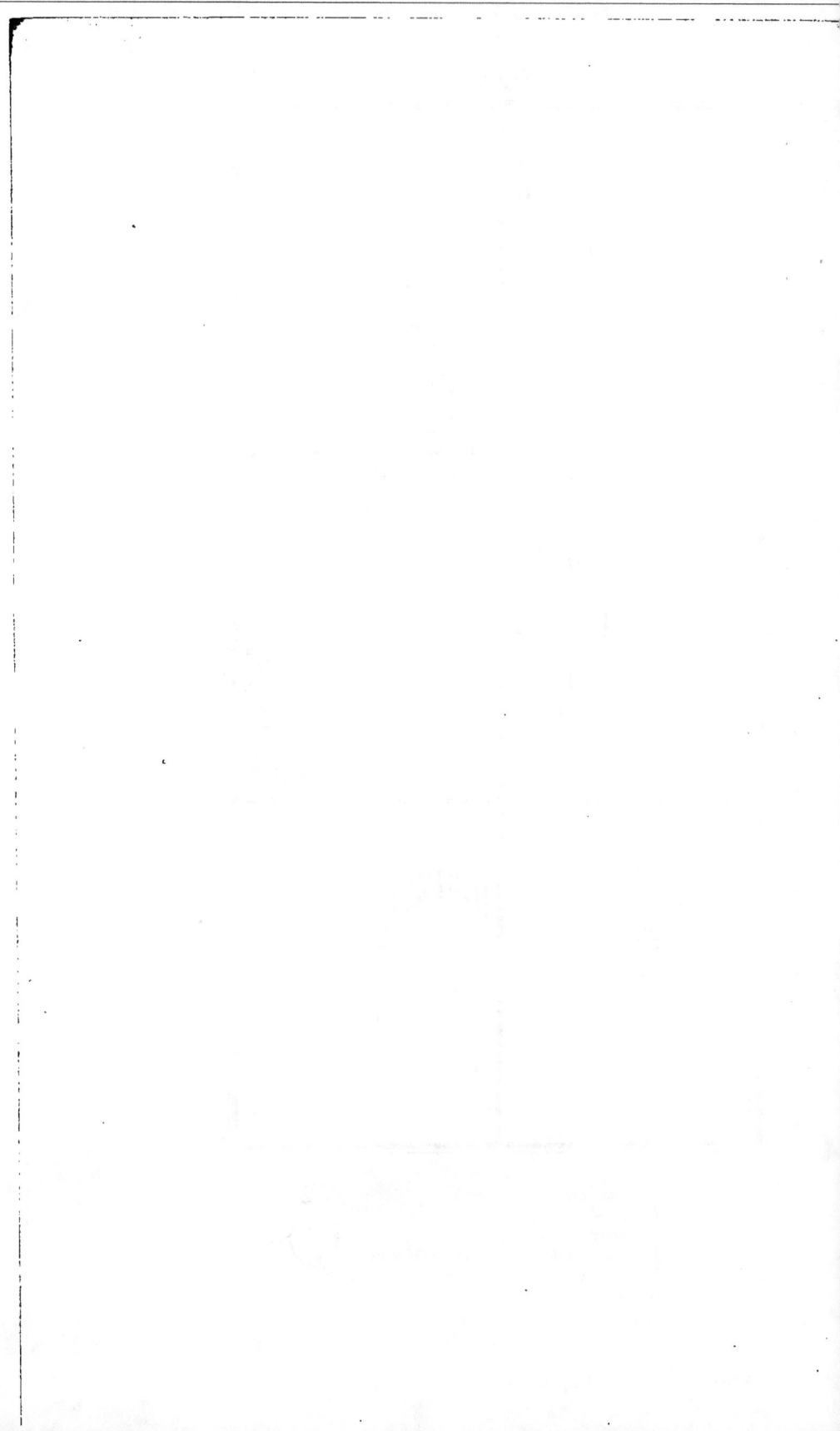

TABLE DES MATIÈRES.

PREMIÈRE PARTIE.

1re LEÇON.

IIᵉ LEÇON.

IIIᵉ LEÇON.

IVᵉ LEÇON.

DEUXIÈME PARTIE.

TRAVAIL MILITAIRE.

ÉCOLE DE PELOTON.

FIN DE LA TABLE DES MATIÈRES.

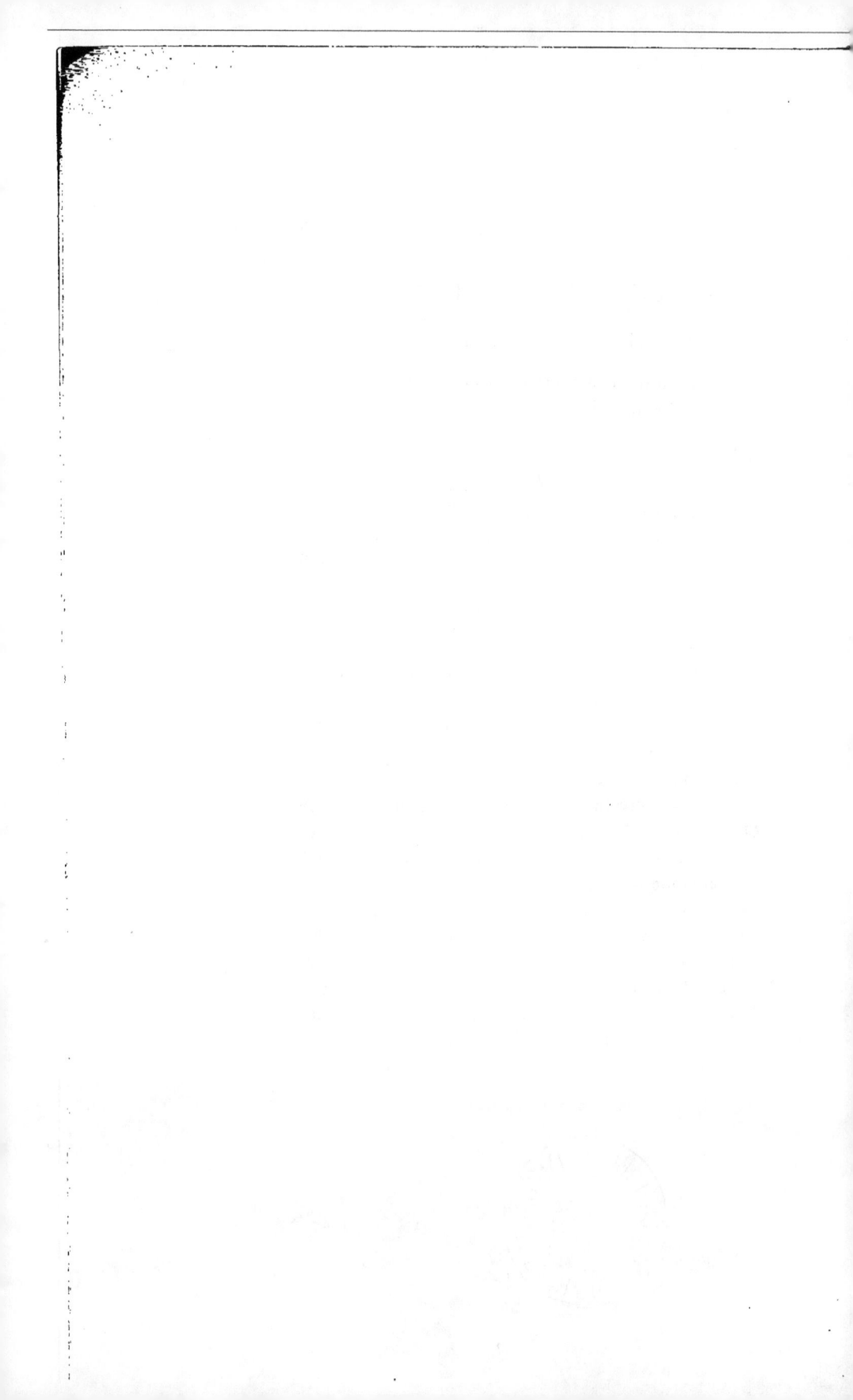

ERRATA.

Page   7 , *au lieu de* : du désaccord perpétuel, *lisez* : au désaccord, etc.

Page 58 , *au lieu de* : et à l'aisance dans les mouvements, *lisez* :
et par l'aisance, etc.

Page 59 , *au lieu de* : du genre du dressage, *lisez* : du genre de
dressage.

Page 122 , *au lieu de* : le travail sur hanches, *lisez* : le travail sur
les hanches.

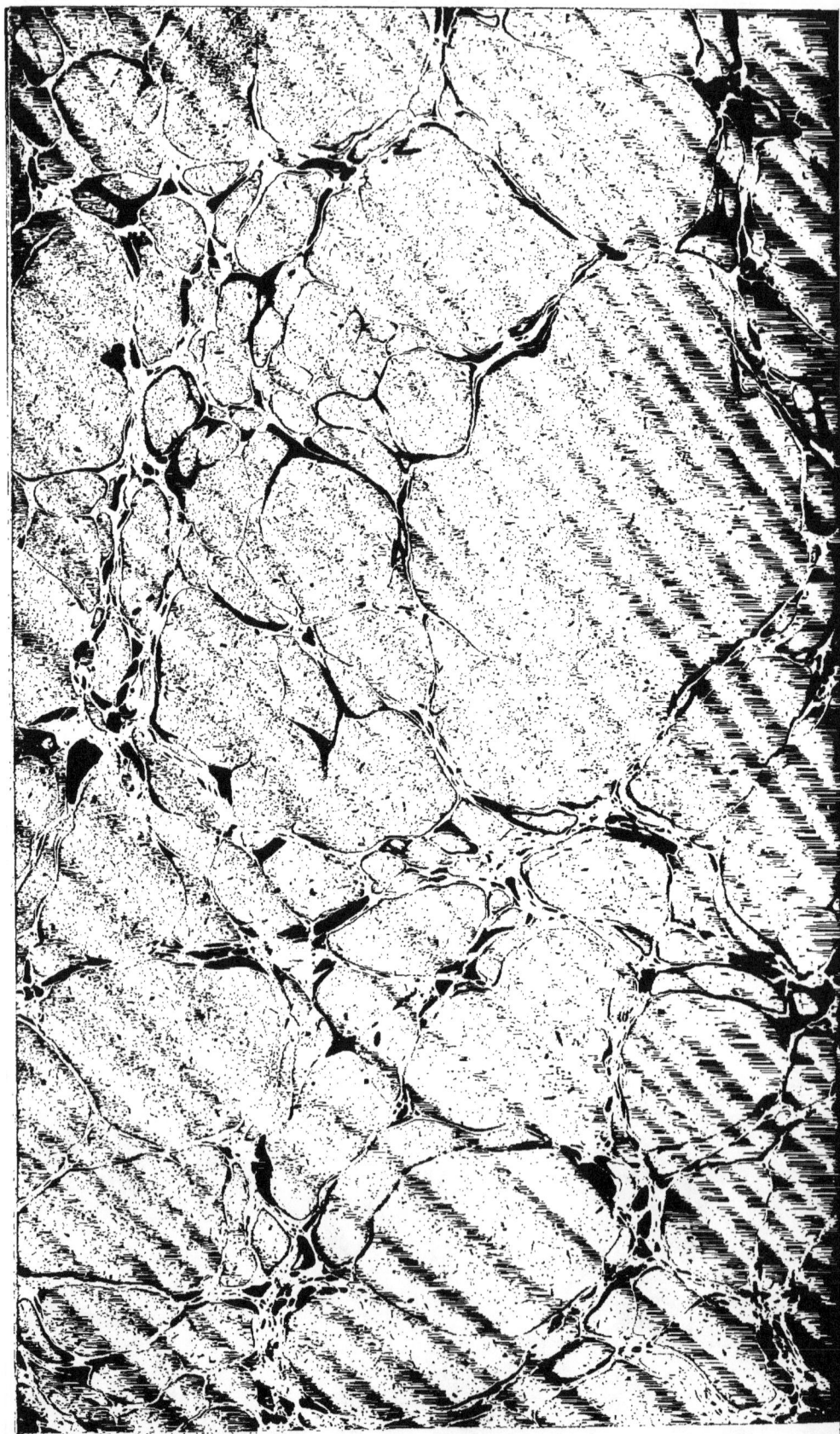

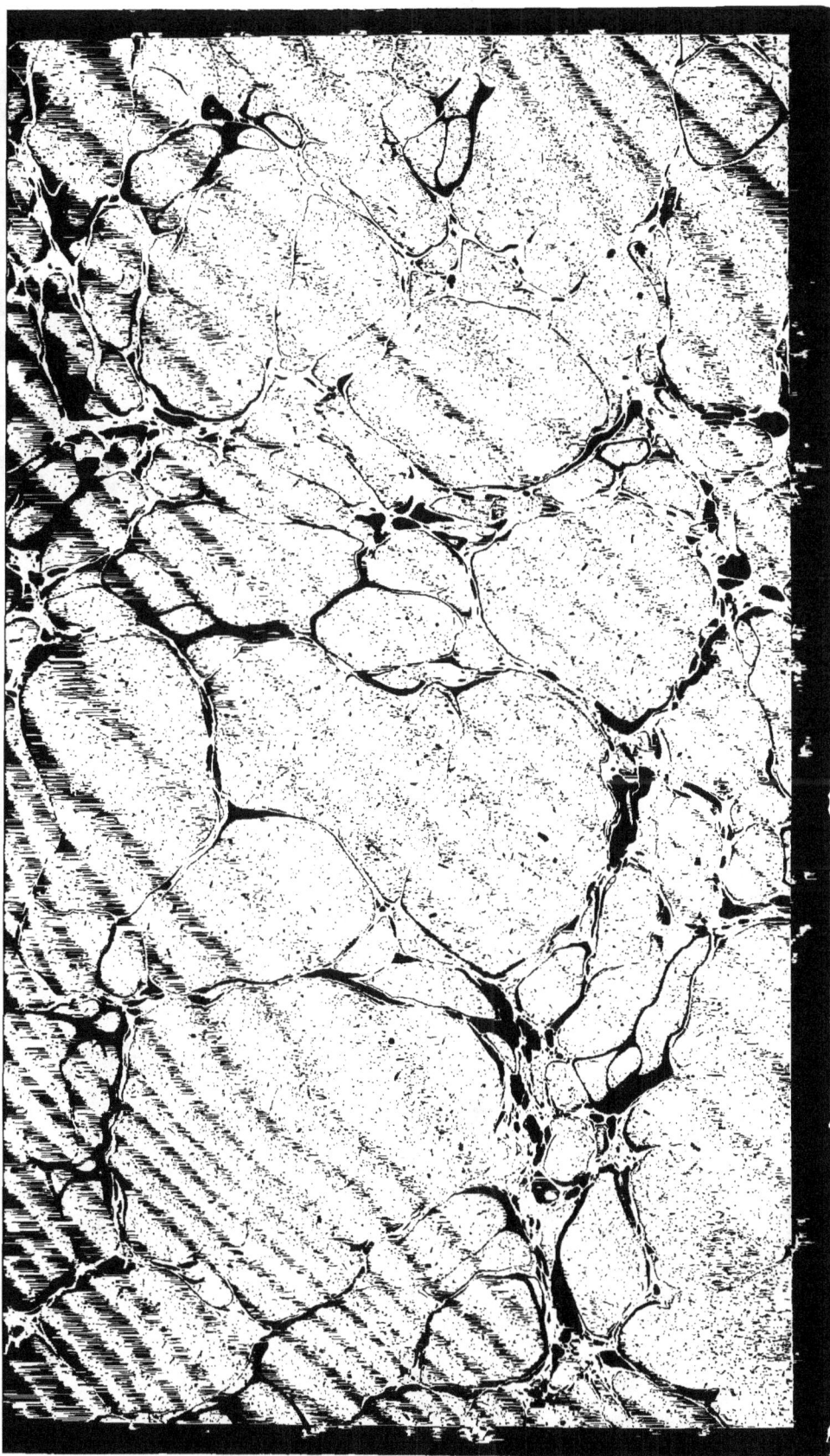